Alonso Ojeda

Propuesta de Estrategias para el Mejoramiento del Comportamiento de Equipos Rotativos Críticos

Alonso Ojeda

Propuesta de Estrategias para el Mejoramiento del Comportamiento de Equipos Rotativos Críticos

Basado en el Mantenimiento en Acción

Editorial Académica Española

Imprint
Any brand names and product names mentioned in this book are subject to trademark, brand or patent protection and are trademarks or registered trademarks of their respective holders. The use of brand names, product names, common names, trade names, product descriptions etc. even without a particular marking in this work is in no way to be construed to mean that such names may be regarded as unrestricted in respect of trademark and brand protection legislation and could thus be used by anyone.

Cover image: www.ingimage.com

Publisher:
Editorial Académica Española
is a trademark of
Dodo Books Indian Ocean Ltd., member of the OmniScriptum S.R.L Publishing group
str. A.Russo 15, of. 61, Chisinau-2068, Republic of Moldova Europe
Printed at: see last page
ISBN: 978-3-659-08732-5

Table des Matières

RESOLUCIÓN.

3

Trabajo de grado presentado ante la ilustre Universidad de Oriente

DEDICATORIA.

A Dios Todopoderoso porque siempre esta a mi lado en todo momento y por darme las fuerzas necesarias para culminar una de las metas más anhelada de mi vida.

A mi Abuelita Josefa "Checha Maria" que siempre ha estado conmigo, gracias siempre abuelita, y por supuesto a mis otros tres Abuelos, que desde el cielo me cuiden y me bendicen. ¡Gracias!

A quienes también fuesen como unas Abuelas para mí: La Abuela Ñope y Sra. Lourdes.

A mis padres Iquira Apolonia y Alonso Enrique siempre han estado conmigo. ¡Gracias!

A mis Hermanos Sumy Sarai, Thamy Sarai, Enrique Adalberto, y mis primos que son como mis hermanos, en especial a Christopher, Adalberto José, Sol, Héctor, Carlos Gregorio, Ramoncito y Krisel, que han servido de apoyo para logran esta meta.

A mis sobrinos Ana Isabel, David José y Daniel.

A mi amigo y hermano Edwards Vilorio desde donde estés se que estás orgulloso y contento por este logro alcanzado.

...SE LOS DEDICO CON MUCHO CARIÑO!!

AGRADECIMIENTOS.

Eternamente agradecido a Dios que me dió la fortaleza y seguridad de seguir con pasos firmes en mi vida y darme la sabiduría necesaria para superarme.

A mis padres por su esfuerzo y dedicación a lo largo de lo que va de mi vida, formando parte fundamental de este logro.

A la Universidad de Oriente, Núcleo Anzoátegui, por darme la oportunidad de convertirme en un profesional.

Agradezco a mi amigo y hermano Edwards Vilorio quien en vida me dio concejo los cuales he usado en toda mi carrera, al igual que sus padres que siempre me han apoyado Sr. Ramón Vilorio y Sra. Carolina Narváez.

FertiNitro: Robert Bellorin, Bliptazabeth, Yohalis Guzmán, Lorena Cisnero, Mariely cordova, Oswaldo Mata, Daniel Bolívar, Edgar Gimon, Henry peraza, Freddy torres, Antonio Tineo, Freddy Colina, Carlos Wetter, Eduardo Delgado, Maria Pérez, Ulises, Desire, Daniel, Carlos, Mónica, Guanta, Sr. German y Christian.

Agradecido eternamente con los Prof. Diógenes Suárez, Prof. Darwin Bravo, Prof. Edgar Rodríguez, a la Sra. Melida León y a Nayiber, que me brindaron su ayuda y valiosos consejos. ¡Gracias por la confianza depositada!

A Los Prof. del departamento de mecánica.

A mis Tíos y Tías, por sus consejos brindados en los momentos que más lo necesite, y demás familiares quienes de una u otra forma colaboraron para alcanzar esta meta.

A mis amigos y compañeros de la universidad quienes cada semestre me acompañaron en la continua lucha por alcanzar nuestras metas en especial a Johanna Carolina, Francisco Abarca "Tico", Rodolfito, Anita, Alexis "Cheito D.", Herlic, German, Carolina Farias, Carolina Mendoza, Rosiger, Andy, Emilio, José Alejandro, Alexander "Chander", Los Monsters, Víctor Cabezón, Giovanella, Javier, Cirilo, Solinca, Alejandra Chersia, Fito, Lissetti, Diana, Julio "Barney", Navarro, Alejandra Guevara, Elio, Rosmaris, Sajonia, Wilmari, Luís Orozco, Anabelis, Luís Hernández, José Ríos, Jhon Luna, Carlos Horta, Centeno, Raúl Gonzáles, Raúl Castillo, Joan, Las Morochas, Idelis, Gustavo, mis compadres los Guariqueños y demás amigos que me apoyaron en la UDO.

A los profesores Jesús Salcedo, Orlando M. Ayala, Richard Estaba Antonio Franco, Eduardo Bas, Paola Romero, Alberto Tirado y Lino Camargo.

A mis amigos que residen en la isla de margarita.

A Jovito quien ha sido mi casero durante casi cinco años.

...A TODOS DE CORAZÓN, MUCHAS GRACIAS!!

RESUMEN.

El objetivo principal de este trabajo es proponer estrategias de mantenimiento que mejoren el comportamiento de los equipos rotativos críticos de una unidad de producción de úrea de la empresa FertiNitro; para alcanzar el logro de este objetivo se realizó un diagnóstico de la situación actual de todos los equipos rotativos que comprende la unidad en estudio, recopilando información técnica referente a sus características y funcionamiento dentro del contexto operacional. Posteriormente se aplicó un análisis de criticidad, el cual permitió identificar los equipos críticos pertenecientes a la ruta 11-A; seguidamente a estos equipos se les aplicó el análisis de los modos y efectos de falla (AMEF) a fin de identificar las causas de las fallas y los efectos que estas producen, luego se aplicó la matriz de decisión del mantenimiento en acción el cual busca aplicar en el proceso productivo algún tipo de mantenimiento preventivo. También se aplicó el análisis FODA que se basa en la creación de estrategias que buscan apoyar las recomendaciones del mantenimiento en acción aprovechando al máximo las fortalezas y oportunidades que tiene FertiNitro para salir adelante, minimizando las debilidades y amenazas que presenta. Con la aplicación del mantenimiento en acción asociado con el AMEF y la matriz FODA se propusieron un conjunto de estrategias que buscan garantizar el incremento de la efectividad de los equipos y a su vez una mejora en el proceso productivo, la seguridad y conservación del medio ambiente, involucrando al personal bajo un esquema proactivo. Finalmente se analizaron las estrategias obtenidas entre las cuales está realizar un estudio para la adquisición de filtros y sellos de mejor calidad, llegando a la conclusión que la mayor causa de fallas en los equipos rotativos críticos se debe a daños en los sellos mecánicos y taponamiento debido a la degradación de los filtros.

INTRODUCCIÓN.

Durante décadas el fertilizante ha sido una sustancia esencial para la siembra y cultivo de grandes plantaciones y para el desarrollo de zonas agrícolas, por ello cada día mas empresas se suman a la tarea de producir ésta sustancia, tal es el caso de Fertilizantes Nitrogenados de Venezuela FertiNitro C.E.C. FertiNitro es una empresa petroquímica que va hacia la búsqueda de nuevos mercados, mayor proyección y mayor producción, pues FertiNitro como industria moderna requiere ser más competitiva para mantenerse y/o sobrevivir en el mercado, por tal razón ésta al igual que cualquier organización debe prepararse para aceptar los cambios de acuerdo a las necesidades de la sociedad o al requerimiento de los mercados bien sea interno o externo. FertiNitro cuenta con un personal capacitado en el área de mantenimiento y con un sistema computarizado para el registro y control de un histórico de fallas de los equipos que posee. Actualmente la organización aplica políticas de mantenimiento preventivo, con la finalidad de predecir fallas, ya que hasta hace unos años el mantenimiento sólo jugó en la empresa una función reactiva, con escasos medios y destinada a un único fin: el cumplimiento de los programas de producción. Las paradas no planificadas y los daños ocasionados a los equipos, la seguridad de los operarios y del medio ambiente han hecho que cambie el punto de vista con respecto al mantenimiento.

Para que los equipos cumplan con su función dentro del contexto operacional bien sea en calidad, cantidad u oportunidad, requieren de acciones mantenedores que les permitan alcanzar dicho cometido preservando la seguridad del personal y medio ambiente, por tal razón hoy día se aplican filosofías de mantenimiento como el Mantenimiento Productivo Total (TPM), Mantenimiento Centrado en la Confiabilidad (MCC), Análisis Costo Riesgo Beneficio (ACRB), Metodología de Criticidad D.S., Inspección basada en Riesgo (IBR) y el Mantenimiento en Acción.

La propuesta de estrategias para el mejoramiento del comportamiento de los equipos rotativos críticos de una ruta de producción de úrea contendrá una metodología y un conjunto de herramientas que serán enfocadas al uso de los recursos asociados con gente, procesos y tecnologías para maximizar el rendimiento. La metodología incluye el diagnóstico de la situación actual de los equipos en la ruta, determinación de los equipos rotativos críticos, las causas de las fallas en los equipos rotativos críticos y efectos que estas producen (AMEF), calculo del parámetro de forma de la distribución de Weibull para dar uso a la matriz de decisión del Mantenimiento en Acción que asociado con la matriz de Fortalezas, Oportunidades, Debilidades y Amenazas (FODA) y el AMEF ayudarán a la conformación de un conjunto de estrategias que buscan garantizar el incremento de la efectividad de los equipos y a su vez una mejora en el proceso productivo, la seguridad y conservación del medio ambiente.

Para el desarrollo de este trabajo se abordaron cuatro capítulos, los cuales fueron estructurados de la siguiente manera:

Capítulo I: En donde se presentó el planteamiento del problema, el cual refleja la necesidad de proponer estrategias de mantenimiento. Objetivo general y específicos, a fin de cumplir de forma sistemática con el desarrollo del trabajo y la justificación del mismo.

Capítulo II: Constituido por el Marco Teórico, aquí se despliegan los conocimientos necesarios referentes al presente trabajo, que con la ayuda de los antecedentes de la investigación y las bases teóricas sirvieron de soporte para el desarrollo de este trabajo.

Capítulo III: En este capítulo se escribe la metodología utilizada en este trabajo, el mismo hace referencia al Tipo de Investigación, la Población y Muestra empleada, Técnicas de Investigación y Análisis de datos para dar forma al trabajo y alcanzar los objetivos propuestos.

Capítulo IV: Constituye el desarrollo y análisis de la propuesta de estrategias, la cual comprende seis etapas fundamentales para el progreso de la investigación, basándose en la situación actual de los activos en estudio, su prioridad en el proceso productivo, las causas que originan las fallas en ellos y efectos de las mismas y a su vez apoyándose en la filosofía del mantenimiento en acción y el análisis FODA.

Finalmente se plantean las conclusiones y recomendaciones resultantes del trabajo realizado.

CAPÍTULO I. EL PROBLEMA.

1.1. Descripción De La Empresa

1.1.1. Reseña Histórica De La Empresa

Fertilizantes Nitrogenados de Venezuela, FertiNitro C.E.C, es una empresa petroquímica que comenzó a construirse en 1997, creándose con el propósito de cumplir compromisos comerciales a nivel mundial y establecer en el mercado una producción de amoníaco y úrea de alta calidad. FertiNitro. es una compañía de carácter mixto, con participación de empresas del estado venezolano, como Petroquímica de Venezuela (Pequiven), y empresas privadas extranjeras y venezolanas, como Koch Industries, Snamprogetti y Empresas Polar.

Visión De Fertinitro

- Ser reconocida como la empresa más confiable y rentable productora de amoníaco y urea de alta calidad a nivel mundial.

Misión De Fertinitro

- Operar con excelencia en seguridad, higiene y ambiente cumpliendo con todas las regulaciones aplicadas.

- Cumplir con nuestro compromiso de producción de 3700 t/m de Amoníaco, 4500 t/m de Urea, 340 días de año.

- Cumplir o exceder las expectativas de suministro y calidad de nuestros clientes.

- Mejorar continuamente la unidad de costo por unidad de producción.

1.2. Planteamiento Del Problema

Fertilizantes Nitrogenados de Venezuela (FertiNitro), es una empresa petroquímica, dedicada a la producción de Amoníaco y Urea granulada. Está ubicada en el Complejo Industrial Petroquímico y Petrolero General de División José Antonio Anzoátegui, en la localidad de Jose, al norte del estado Anzoátegui. Esta empresa cuenta con dos plantas de amoníaco anhidro, cuya capacidad de producción es de 1.800 toneladas por día cada una (TON/D), y dos plantas de úrea granulada (11 y 21) de tecnología Snamprogetti, cada una con capacidad de producción de 2.250 toneladas por día (TON/D). Las dos unidades de úrea son similares y cumplen la misma función, estas se dividen en cinco secciones: el circuito de alta presión, el circuito de media presión, el circuito de baja presión, la sección de vacío y calderas auxiliares e hidrólisis; adicionalmente la planta posee las áreas de servicios para generación de vapor, agua desmineralizada, tratamiento de agua de enfriamiento, aire de servicio, de suministro y tratamiento, nitrógeno de servicio, efluentes y almacenamiento, entre otros.

La unidad de Úrea/Granulación posee una variedad de equipos, entre estos se encuentran equipos rotativos, como lo son: bombas centrífugas y bombas de desplazamiento positivo, y de estas depende la mayor parte del proceso productivo, pues sin ellas no seria posible el transporte de fluidos como el amoniaco para la producción de la úrea.

Actualmente el mencionado proceso se ha visto afectado por la aparición de fallas repetitivas en los activos de la ruta 11-A del tren 1 de la unidad de úrea, que comprende veinte (20) bombas centrífugas y dos (2) de desplazamiento positivo; las fallas más comunes en estas son: fugas por sellos, altas vibraciones y filtros dañados, ocasionando la paralización de la producción planificada y en consecuencia generando pérdidas a la organización, no sólo por la paralización del equipo sino también los altos tiempos fuera de servicio, falta de actualización de los planes de mantenimiento que se adapten a las condiciones de los equipos referidos, desconocimiento de las especificaciones técnicas de los repuestos requeridos para la ejecución de acciones mantenedoras y de los materiales y herramientas necesarias para la realización de las actividades propuestas.

Debido a lo antes expuesto, se plantea en este trabajo la propuesta de estrategias basadas en el Mantenimiento de Acción que contribuyan a proponer acciones involucrando un personal netamente capacitado a fin de planificar proactivamente actividades que ayuden a prevenir fallas, mejoren la confiabilidad de los equipos rotativos y determinen su prioridad en el proceso productivo dentro de la ruta 11-A de la Unidad de úrea de la Planta Fertinitro promoviendo las tareas necesarias que permitirán minimizar los problemas expuestos.

1.3. Objetivos

1.3.1. Objetivo General

Proponer estrategias que mejoren el comportamiento de equipos rotativos basado en el mantenimiento en acción dirigido a los equipos rotativos críticos de la ruta 11-A unidad de úrea, FertiNitro, Jose- Edo. Anzoátegui.

1.3.2. Objetivos Específicos

1) Diagnosticar en función del contexto operacional la situación actual de los equipos rotativos de la unidad de úrea, ruta 11-A, FertiNitro.

2) Realizar un estudio para la identificación los equipos rotativos críticos pertenecientes a la ruta 11-A de la unidad de úrea.

3) Realizar un Análisis de los Modos y Efectos de Fallas (AMEF) en los equipos rotativos críticos de la ruta 11-A unidad de úrea.

4) Calcular el parámetro de forma (β) de la distribución de Weibull de los equipos críticos, para la selección del tipo de mantenimiento preventivo considerando el mantenimiento en acción.

5) Determinar las Fortalezas, Oportunidades, Debilidades y Amenazas que ayuden a la conformación de estrategias orientadas al mejoramiento de los equipos rotativos críticos de la unidad de úrea.

6) Proponer estrategias de mantenimiento dirigidas al mejoramiento de los activos rotativos críticos de la unidad de úrea de FertiNitro.

1.4. Justificación

La realización de este trabajo de grado se fundamenta en dos aspectos, uno técnico y otro económico. La parte **técnica** se basa en determinar y proponer el tipo de mantenimiento preventivo a aplicar a los activos críticos en estudio utilizando el parámetro de forma de la distribución de Weibull que servirá para entrar a la matriz de decisión del mantenimiento en acción que junto al AMEF y la matriz FODA servirá para proponer estrategias de mantenimiento. En lo **económico**, dado que la metodología utilizada permite tomar acciones de mantenimiento que sean necesarias para garantizar el buen funcionamiento de los equipos, lo cual admite una disminución de los costos, puesto que no se realizan actividades innecesarias.

CAPÍTULO II. MARCO TEÓRICO.

2.1. Antecedentes De La Investigación

A continuación se presenta un breve resumen de investigaciones que sirvieron de soporte al desarrollo de trabajo en curso.

Torres, R., Utilizó la metodología del MANTENIMIENTO CENTRADO EN LA CONFIABILIDAD para definir estrategias para el mejoramiento del plan de mantenimiento de las bombas de doble tornillo del terminal ORIMULSIÓN® JOSE. Llegando al resultado de que el sistema de lubricación de las bombas es el mayor causante de fallas de las bombas y acumula el 52% de las fallas totales y el estudio de MCC realizado al sistema de bombeo permitió una disminución de 12% de las actividades preventivas del plan anterior de mantenimiento comparado con el nuevo plan de mantenimiento generado (80% contra 68% respectivamente). [1]

Rojas, N., Desarrolló un modelo gerencial para la implantación de mantenimiento en acción, como herramienta de ayuda que permitiera la evaluación de la gestión de mantenimiento. El modelo propuesto define el tipo de mantenimiento que se debe aplicar en una organización con disposición o no de registro de fallas, tomando como base herramientas innovadoras como lo son: la Matriz de Decisión para la selección del tipo de mantenimiento preventivo y el Ábaco de Noiret Modificado para suministrar la información del tipo de mantenimiento que se debe aplicar de acuerdo a los factores característicos de cada equipo. El Modelo propuesto promueve estrategias para la aplicación del mantenimiento, apoyadas en las potencialidades del personal y el manejo de los recursos disponibles, en busca de una capacitación acorde con los perfiles exigidos por la organización, y con la propuesta de implantación del modelo gerencial se busca generar estrategias de mantenimiento que garanticen la producción, seguridad y preservación del medio ambiente. [2]

Suárez, D., Realizó una publicación en la revista "Geominas". Titulada: Nuevos Métodos para Determinar Criticidad de Equipos. El objetivo principal de este trabajo consistió en elaborar una nueva metodología que facilite la determinación de la criticidad de los equipos, considerando seis factores para evaluar el área de mantenimiento y tres para el operacional. La metodología está basada en la aplicación de cuatro etapas: la primera consiste en elaborar un inventario de equipo, la segunda sugiere un diagnostico de la situación actual, en la tercera se construye una matriz de decisión de acuerdo a los criterios D.S., y en la cuarte se pondera y se clasifica los equipos considerando los factores seleccionados. [3]

Bravo, D., Desarrolló Estrategias Gerenciales para Mejorar la Disponibilidad de los Equipos Críticos de los Laboratorios de Ingeniería Mecánica; este trabajo está enfocado al diseño de estrategias gerenciales que mejoren la disponibilidad de los equipos críticos de los Laboratorios del Departamento de Mecánica de la Universidad de Oriente, Núcleo de Anzoátegui. Para su desarrollo se procedió a un diagnóstico general donde se pudo constatar la falta de: una visión y misión que los conduzca al logro de sus objetivos, una estructura organizativa acorde a las necesidades, una planificación de actividades para realizar mantenimiento y motivación al personal técnico para hacerlo proactivo. [4]

2.2. Fundamentos Teóricos

2.2.1. Mantenimiento

Conjunto de actividades que permiten mantener un equipo o sistema en condición operativa, de tal forma que cumplan las funciones para las cuales fueron diseñadas y designadas o restablecer dicha condición cuando esta se pierde. El mantenimiento puede ser clasificado de acuerdo al tipo de falla que presente el activo, como se muestra en la figura N° 2.1. [5]

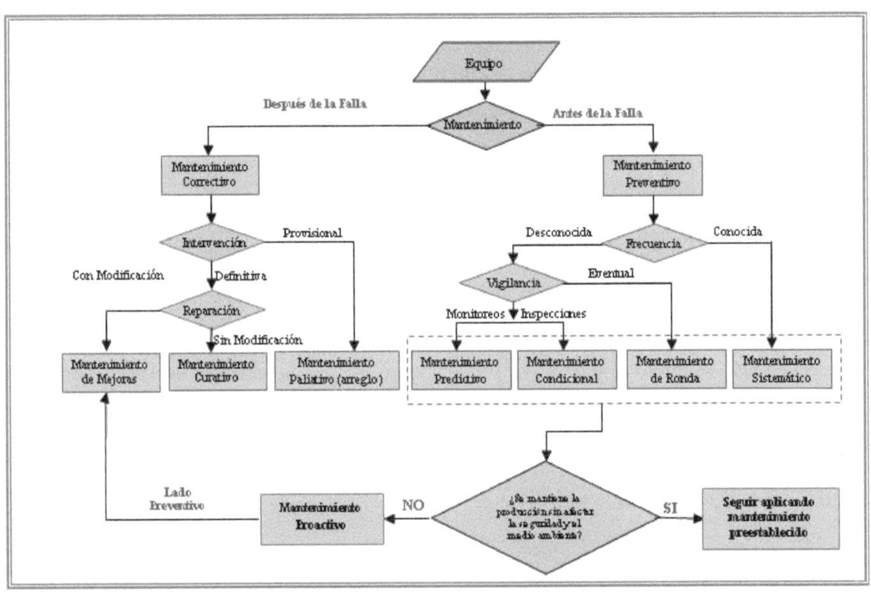

FIGURA N° 2.1. TIPOS DE MANTENIMIENTO.
FUENTE: ROJAS, N. (2008).

2.2.1.1. Tipos De Mantenimiento:

2.2.1.1.1. De Acuerdo Al Tipo De Falla Se Tiene:

A) Mantenimiento preventivo:

Es una actividad planificada en cuanto a inspección, detección y prevención de fallas, cuyo objetivo es mantener los equipos bajo condiciones especificas de operación. Se ejecuta a frecuencias dinámicas, de acuerdo con las recomendaciones del fabricante, las condiciones operacionales y la historia de fallas de los equipos. Dentro del mantenimiento preventivo se destacan los siguientes:

Mantenimiento Sistemático: Son actividades establecidas en función del uso del equipo (horas, km, etc.). Se aplica cuando la frecuencia de ejecución del mantenimiento es conocida. [5]

Mantenimiento Predictivo: Es un conjunto de actividades destinadas a mantener el equipo en su condición de operación normal, basado en predecir la falla en un equipo antes de que esta se produzca, escogiendo como momento de intervención el estado más próximo a la falla, la cual se logra mediante monitoreo. Este tipo de mantenimiento es la mejor forma de impedir que suceda una falla o en todo caso, minimizar su ocurrencia y efectos negativos. [5]

Mantenimiento Condicional: Se refiere a las actividades basadas en el seguimiento del equipo mediante diagnóstico de sus condiciones. Se recomienda su utilización cuando la frecuencia de inspección y ejecución del mantenimiento sea desconocida. [5]

Mantenimiento de Ronda: Consiste en una vigilancia regular a frecuencias cortas. [5]

Mantenimiento Proactivo: Es un tipo de mantenimiento preventivo, en el cual preventivamente se sustituye un componente de equipo por otro de mejor calidad o sea, de otra especificación técnica basándose en el manejo del cambio, a fin de incrementar significativamente la confiabilidad del equipo en estudio. El Mantenimiento Proactivo usa gran cantidad de técnicas para alargar la duración de operación del equipo. La parte mayor de un programa proactivo es el análisis de las causas fundamentales de las fallas en los activos. [5]

B) Mantenimiento Correctivo:

Es una actividad que se realiza después de la ocurrencia de una falla. El objetivo de este tipo de mantenimiento consiste en llevar los equipos después de una falla a sus condiciones originales, por medio de restauración o reemplazo de componentes o partes de equipos, debido a desgastes, daños o roturas. Se clasifica en:

• No planificado:

Es el mantenimiento de emergencia (reparación de roturas). Debe efectuarse con urgencia ya sea por una avería imprevista a reparar lo mas pronto posible o por una condición imperativa que hay que satisfacer (problemas de seguridad, de contaminación, de aplicación de normas legales, etc.). [5]

- Planificado:

Se sabe con antelación que es lo que debe hacerse, de modo que cuando se pare el equipo para efectuarse la reparación, se disponga del personal, repuestos y documentos técnicos necesarios para realizarla correctamente. [5]

Dentro del mantenimiento correctivo se encuentran:

- Mantenimiento de Mejoras: Este mantenimiento se encarga de hacer reparaciones basadas en reemplazos de componentes de mejor calidad a fin de incrementar el tiempo entre falla de los equipos o mitigar una falla repetitiva. [5]

- Mantenimiento Paliativo (arreglo temporal): Este se encarga de la reposición del funcionamiento, aunque no quede eliminada la fuente que provocó la falla. [5]

- Mantenimiento Curativo: Este se encarga propiamente de la reparación, eliminando las causas que han producido la falla. Suelen tener un almacén de recambio, donde algunos componentes son comunes. [5]

Equipos

"Es un bien económico, técnico, y sujeto a mantenimiento". Se establece que estos pueden presentarse bajo una serie de conexiones formando un sistema o actúan de manera individual. [5]

Sistema

Conjunto de equipos que interactúan para el cumplimiento de una función determinada. [6]

Falla

Se dice que un equipo ha fallado cuando no puede o ha perdido la capacidad para cumplir su objetivo a satisfacción, ya sea en cantidad, calidad u oportunidad. [6]

2.4. Análisis De Los Modos Y Efecto De Falla (AMEF).

Es una metodología sistemática que permite identificar los problemas antes que estos ocurran y puedan afectar o impactar a los procesos y productos en un área determinada, bajo un contexto operacional dado. En la figura N° 2.2 se muestran los pasos a seguir en la elaboración del AMEF. [4]

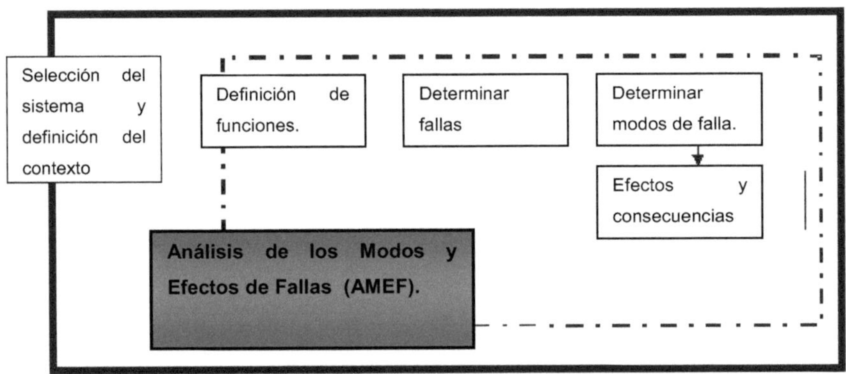

FIGURA N° 2.2. FLUJOGRAMA DE IMPLANTACIÓN DEL AMEF.
FUENTE: BRAVO, D. (2007).

a) Falla funcional

Una falla funcional es el estado en el cual la planta, equipo o componente no logra satisfacer los estándares o parámetros de operación requerido, es decir, incapacidad para cumplir su función (negado de la función). [15]

b) Modos de Falla (Causas de Falla)

El modo de falla es la causa de cada falla funcional; es el que provoca la pérdida de función total o parcial de un activo en su contexto operacional (cada falla funcional puede tener mas de un modo de falla). [15]

c) Efectos de las Fallas

Son los eventos o hechos que pueden observarse si se presenta un modo de falla en particular, es decir, permite definir lo que sucede al producirse cada modo de falla. [15]

Mantenimiento en acción

Son un conjunto de actividades estratégicas que permiten mantener o restablecer la función de un equipo para la cual fue diseñada o asignada, involucrando al personal de mantenimiento y operaciones bajo un esquema participativo de manera proactiva, en búsqueda de una mejora continua, garantizando producción, seguridad y preservación del medio ambiente de trabajo.

Es una nueva técnica de mantenimiento que se está proponiendo entre otras, para organizar la toma de decisiones tanto técnicas como gerencial del mantenimiento disminuyendo la incertidumbre, la cual permite por consenso qué acciones se deben tomar para resolver un problema en particular, y minimizar las controversias entre los diferentes autores. El mantenimiento en acción indica el tipo de mantenimiento preventivo que se debe aplicar mediante el uso de la matriz de decisión. [2]

Gestión del mantenimiento

Es la función ejecutiva de planificar, organizar, dirigir, y controlar cualquier actividad con responsabilidad sobre los resultados, mediante herramientas adecuadas de gestión y basándose en la experiencia acumulada de las actividades, de forma tal que permita ser más efectivos y prácticos en su consecución. [7]

Estrategia

Proceso regulable, es un conjunto de las reglas que aseguran la toma de la decisión inmejorable en un momento dado. El concepto de estrategia ha sido objeto de múltiples interpretaciones, de modo que no existe una única definición. [2]

Criticidad de equipos

Es una clasificación que se establece para destacar la relevancia (jerarquía o prioridad), que tiene un determinado equipo o sistema dentro del proceso al cual pertenece. [3]

Análisis de Criticidad

Es una metodología que permite establecer la jerarquía o prioridades de equipos o sistemas, creando una estructura que facilita la toma de decisiones, orientando el esfuerzo y los recursos en áreas donde sea más importante o necesario mejorar, basado en una realidad actual. Existen diversas metodologías para la determinar la

criticidad de equipos, entre ellas: Inspección basada en riesgos (IBR) y la
metodología D.S. [3]

2.5. Inspección Basada en Riesgos (IBR)

Es una metodología de Confiabilidad Operacional que se aplica a equipos
estáticos que transportan y/o almacenan fluidos, permite estimar el riesgo asociado a
la operación de equipos estáticos, y evalúa la efectividad del plan de inspección
(actual o potencial) en reducir dicho riesgo. Esta basado en la ejecución de una serie
de cálculos para estimar la frecuencia y la consecuencia de una falla de cada equipo
estático de proceso. [16]

> **Tipos de quipos considerados en IBR:**

  a) **Principalmente equipos estáticos:**

- Recipientes a presión.

- Intercambiadores de calor.

- Hornos.

- Tanques de almacenamiento.

- Tuberías.

b) Equipos analizados como contenedores de presión:

- Bombas.

- Compresores. [16]

Metodología DS

Esta metodología puede determinar la criticidad de los equipos considerando el métodos de criterios ponderados, tomando seis (6) factores para evaluar el área de mantenimiento y tres (3) para el operacional; los cuales se muestran en la figura N° 2.3. [3]

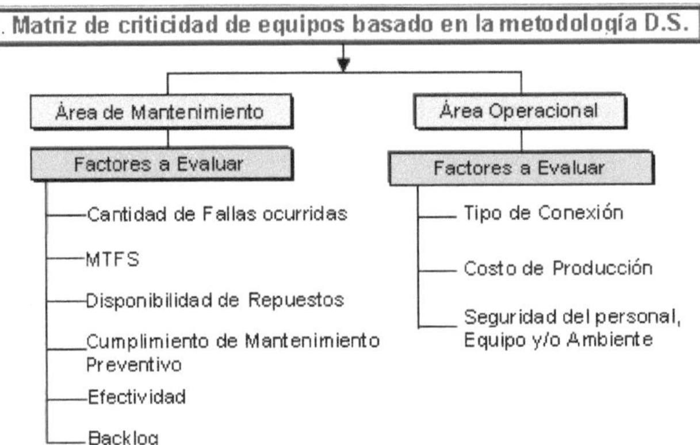

FIGURA N° 2.3. FACTORES A EVALUAR DENTRO DE CADA ÁREA EN ESTUDIO. FUENTE: SUÁREZ, D. CRITICIDAD DE EQUIPOS UTILIZANDO METODOLOGÍA D.S. UDO. (2005).

Factores que Intervienen en el Área de Mantenimiento:

- Cantidad de Fallas Ocurridas:

Número de fallas que ocurren en el período a evaluar.

- Media de los Tiempo Fuera de Servicio (MTFS):

Es el tiempo promedio que el equipo se encuentra fuera de servicio, es decir, desde que aparece una falla imputable al equipo hasta que se logra poner en marcha en el periodo a evaluar.

- Disponibilidad de Repuestos (DR):

Es la relación entre la cantidad satisfecha y la demandada, es decir, representa el cociente entre las veces que se solicite un repuesto en almacén y es encontrado, con respecto a la cantidad total de oportunidades que solicite el repuesto halla ó no.

- Cumplimiento de Mantenimiento Preventivo (CMP):

Es la relación de ejecución de las órdenes de trabajo durante un período de tiempo determinado, con respecto al total de las emitidas.

- Efectividad de Equipos:

Es el tiempo de aprovechamiento real de los equipos para la producción, representa el factor de utilización de los equipos, la misma se refleja en la figura N° 2.4.

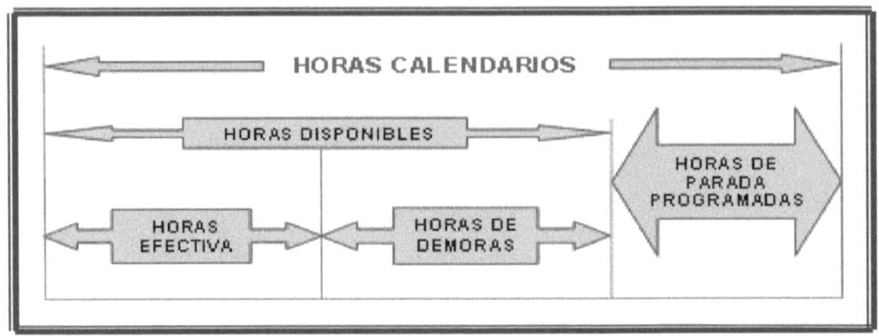

FIGURA Nº 2.4. TIEMPOS PARA DISPONIBILIDAD Y EFECTIVIDAD OPERACIONAL. FUENTE: ROJAS, N. (2008).

• Backlog:

Indica la cantidad de horas hombre pendiente por realizar mantenimiento en función de las horas disponibles. Es el tiempo que el personal seleccionado de mantenimiento deberá trabajar para ejecutar las actividades pendientes, partiendo del hecho de que no se incorporen nuevas actividades en las órdenes de trabajo durante la ejecución de los trabajos por realizar.

Factores que Intervienen en el Área Operacional:

• Tipo de Conexión:

Se refiere a la configuración que están los equipos dispuestos para producción. Las configuraciones pueden ser serie, paralelo, mixto (k de n), compleja o una combinación de las mismas.

- Costo de Producción:

Son los desembolsos que se generan debido a la operación y aplicación de mantenimiento, por ejemplo: adquisición de equipos, personal de labores y servicios en general, a fin de mantener la producción.

- SIAHO (Seguridad Industrial, Ambiente e Higiene Ocupacional):

Es un factor que pondera los efectos de las consecuencias que se puedan generar sobre el personal de labores, medio ambiente y los equipos en general.

El total de los puntos obtenidos tanto en el área de mantenimiento como operacional son evaluados para determinar la criticidad de los equipos que intervienen en el proceso productivo. [3]

Distribución de weibull

Es un método estadístico utilizado para estimar confiabilidad, y permite obtener la distribución de fallas durante cualquier periodo de vida de un equipo o componente, cuando su tasa de falla decrece, se mantiene constante o crece con el tiempo. [5]

a) Tasa de falla

Es un estimador de confiabilidad y representa la proporción de fallas por unidad de tiempo. Frecuentemente se expresa en fallas por unidad de tiempo, ciclos/unidad de tiempo y/o distancia recorrida/unidad de tiempo. [5]

b) Aplicaciones de la distribución de Weibull

El método estadístico de distribución de Weibull es aplicable para:

- Predecir las fallas antes de la puesta en operación.

- Determinar en que momento de vida se encuentra un componente o equipo.

- Estimar la confiabilidad del equipo.

- Determinar los tiempos de intervención del mantenimiento preventivo. [5]

c) Expresiones matemáticas del método estadístico de distribución de Weibull para estimar confiabilidad

Las expresiones matemáticas utilizadas por este método son:

$$R(t) = e^{-\left(\frac{t-\gamma}{\eta}\right)^{\beta}} \qquad (2.1)$$

Donde *R(t)* es la confiabilidad del equipo en un tiempo de terminado.

β: Parámetro de forma.

η: Parámetro de escala.

γ: Parámetro de posición.

El parámetro de forma (β), define en que etapa de vida se encuentra el componente o equipo; sirve de base para la selección del tipo de mantenimiento a aplicar.

El parámetro de posición (γ), define si la nube de puntos (TEF, Fi) en la grafica de Weibull se ajusta a una recta. Donde TEF, es el tiempo entre fallas, y Fi es la Frecuencia Acumulada de Fallas.

Casos:

- Si es posible ajustar la nube de puntos a una recta, entonces, $\gamma = 0$.

- Si la nube de puntos, resulta una curva, el valor de γ es distinto de cero.

Matriz FODA

Es una metodología de estudio de la situación competitiva de una empresa dentro de su mercado y de las características internas de la misma, a efectos de determinar sus Fortalezas, Oportunidades, Debilidades y Amenazas. Las debilidades y fortalezas son internas a la empresa; las amenazas y oportunidades se presentan en el entorno de la misma.

Durante la etapa de planificación estratégica y a partir del análisis FODA se debe poder contestar cada una de las siguientes preguntas:

¿Cómo se puede detener cada debilidad?

¿Cómo se puede aprovechar cada fortaleza?

¿Cómo se puede explotar cada oportunidad?

¿Cómo se puede defender de cada amenaza?

A continuación se definirá cada tipo de estrategias que deben generarse en la matriz FODA.

Las estrategias FO, se basan en el uso de las fortalezas internas de una firma con el objeto de aprovechar las oportunidades externas. Las organizaciones que pueden usar sus fortalezas para explotar sus oportunidades, generalmente son consideradas con éxito.

Las estrategias DO, tienen como objetivo mejorar las debilidades internas valiéndose de las oportunidades externas. Algunas veces una organización disfruta de oportunidades externas decisivas, pero presenta debilidades internas que le impiden explotar las oportunidades.

Las estrategias FA, se basan en la utilización de las fortalezas de una empresa para evitar o reducir el impacto de las amenazas externas. El objetivo de esta estrategia consiste en aprovechar las fortalezas de la organización, reduciendo a un mínimo las amenazas externas.

Las estrategias DA, presentan como objetivo derrotar las debilidades internas y eludir las amenazas externas. Una organización que presente gran número de amenazas externas y debilidades internas, debe intentar reducirlas al máximo, en el sentido de evitar llegar a una posición inestable.

La matriz FODA, está formada por nueve (9) casillas; cuatro (4) casillas de factores claves, cuatro (4) casillas de estrategias y una (1) que siempre se deja en blanco. Las casillas de estrategias se denominan DO, FA, FO, DA, y las cuatro (4) asillas de factores claves; se denominan F, A, O y D, representando fortalezas, amenazas, oportunidades y debilidades, respectivamente. En la figura N° 2.5 se muestra el formato de una matriz FODA. [1]

Matriz FODA	Fortalezas	Debilidades
Oportunidades	Estrategias FO	Estrategias DO
Amenazas	Estrategias FA	Estrategias DA

FIGURA N° 2.5. MATRIZ FODA.
FUENTE: TORRES, R. (2007).

2.6. Sistema SAP Para Mantenimiento

Sistemas, Aplicaciones y Productos. SAP es un sistema proveedor de software empresariales, entre estos esta el SAP mantenimiento, el cual es un programa de planificación de tareas, planificación y programación de mantenimiento, búsqueda de recursos y materiales asociados a los equipos catalogados en él, entre muchas otras funciones que estén asociadas a sistemas de planificación de recursos empresariales.

Equipo rotativo

Son equipos provistos de una parte fija llamada estátor y una parte móvil llamada rotor. Normalmente el rotor gira en el interior del estátor. Al espacio de aire existente entre ambos se le denomina entrehierro. Los equipos rotativos pueden estar interconectados entre sí de alguna manera, por ejemplo, el caso de los equipos rotativos de una Refinería de petróleo ó de un submarino nuclear. Por otra parte, si se toma de ejemplo un típico taller de metalmecánica, los equipos rotativos (tornos, taladros, prensas, etc.) raramente están interconectados. [13]

➢ Bomba

Es una máquina que absorbe energía mecánica y restituye al liquido que la atraviesa (energía hidráulica). Las bombas se emplean para impulsar toda clase de líquidos (agua, aceites de lubricación, combustibles, ácidos; líquidos alimenticios: cerveza, leche, etc.; estas ultimas constituyen el grupo importante de las bombas sanitarias).

Las bombas se clasifican en tres tipos principales:

• Rotodinámicas.

• De émbolo alternativo.

• De émbolo rotativo.

El primer tipo (figura N° 2.6) debe su nombre a un elemento rotativo, llamado rodete, que comunica velocidad al líquido y genera presión. La carcaza exterior, el eje y el motor completan la unidad de bombeo. Las partes principales de una bomba centrifuga son:

• Tubería de aspiración

• El impulsor o rodete, formado por una serie de álabes

- Una tubería de impulsión. [11]

Los dos últimos operan sobre el principio de desplazamiento positivo (figura N° 2.7), es decir, que bombean una determinada cantidad de fluido (sin tener en cuenta las fugas independientemente de la altura de bombeo).

Las bombas de desplazamiento positivo guían al fluido que se desplaza a lo largo de toda su trayectoria, el cual siempre está contenido entre el elemento impulsor, que puede ser un embolo, un diente de engranaje, un aspa, un tornillo, etc., y la carcasa o el cilindro. "El movimiento del desplazamiento positivo" consiste en el movimiento de un fluido causado por la disminución del volumen de una cámara. Por consiguiente, en una máquina de desplazamiento positivo, el elemento que origina el intercambio de energía no tiene necesariamente movimiento alternativo (émbolo), sino que puede tener movimiento rotatorio (rotor). Estas bombas tienen la ventaja de que para poder trabajar no necesitan "cebarse", es decir, no es necesario llenar previamente el tubo de succión y el cuerpo de la bomba para que ésta pueda iniciar su funcionamiento, tal como acontece en las bombas centrífugas. [11]

FIGURA N° 2.6. BOMBA CENTRÍFUGA DE EJE HORIZONTAL.
FUENTE: MATAIX, C. (1982).

La bomba de la figura N° 2.6 es de la casa Sulzer, está dividida por un plano axial horizontal. Las tuberías de aspiración y descarga, así como el conducto de conexión entre el primero y segundo escalonamiento se encuentran en la parte inferior de la carcaza.

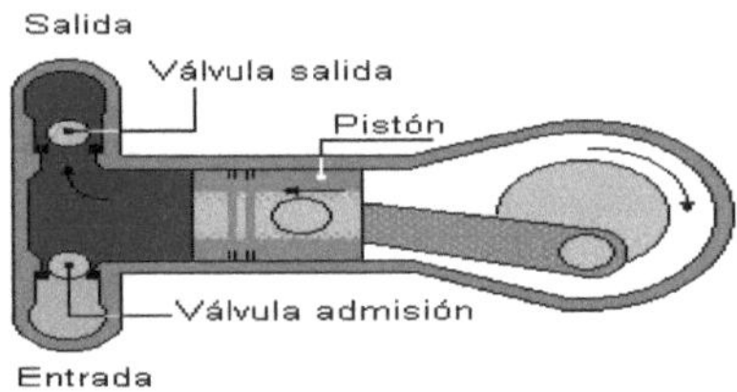

FIGURA N° 2.7. ESQUEMA DE UNA BOMBA DE ÉMBOLO.
FUENTE: MATAIX, C. (1982).

La bomba de la figura N° 2.7, es una bomba de desplazamiento positivo de embolo de simple efecto.

2.7. Proceso De Producción De Úrea

La urea es un componente natural en la orina de los mamíferos, se obtiene por la combinación del dióxido de carbono (CO_2) con el amoníaco y se utiliza como fertilizante nitrogenado en el mundo entero. La urea es el fertilizante nitrogenado sólido comercial con mayor concentración de nitrógeno. [14]

CAPÍTULO III. METODOLOGÍA.

3.1. Tipos De Investigación.

3.1.1. Según La Estrategia

Se realizó una **investigación mixta** ya que se tienen:

♦ **Investigación documental**, por estar sujeto a la consulta de documentos bibliográficos, manuales de los equipos, especificaciones, procedimientos así como la consulta de criterios y metodologías de mantenimiento.

♦ **Investigación de campo**, la cual permitió obtener la información necesaria directamente del área en el cual están ubicados los equipos, donde se pudo observar las necesidades físicas reales de las actividades que se plantearon.

3.1.2. Según Su Propósito

Debido a los resultados obtenidos durante la investigación, está fue clasificada en **aplicada**, ya que se usaron los conocimientos teóricos relacionados con el área de mantenimiento para ajustarlos al contexto de las actividades que se realizan en las Ruta 11-A Unidad de Urea, FertiNitro.

3.2. Población

Este trabajo de investigación esta representado por una población humana y por la población de equipos de la ruta en cuestión, garantizando un estudio lo más acorde posible para la propuesta estratégica. Para el caso en estudio se consideró una población humana de tres planificadores, dos mantenedores y dos operadores, basándose en los conocimientos y experiencias laborales dentro de la organización. En cuanto a los equipos se tiene una población de equipos industriales la cual está constituida por veinte (20) bombas centrífugas y dos (2) de desplazamiento positivo.

3.3. Muestra

La muestra es igual a la población humana puesto que esta última es pequeña, por ende se considera a la muestra de tipo intencional no probabilística. En cuanto a la muestra de los equipos industriales, en esta investigación se seleccionó por un análisis de criticidad donde los equipos que resulten críticos son la muestra representativa, siendo críticos las bombas 11-P-101-A/B, 11-P-102-B y 11-P-103-A/B.

3.4. Técnicas De Investigación Y Análisis

Para la realización de este trabajo se revisó y recolectó información relacionada con los equipos rotativos que se encuentran en La Ruta 11-A (tren 1) de la Unidad de úrea. Entre las técnicas empleadas para recolectar la información, se encuentran:

3.4.1. Observación Directa

Se utilizó para recolectar información de los equipos en estudio directamente en el área de operación, verificar sus condiciones y conocer sus rutinas de mantenimiento. Se utilizo la ayuda del personal de mantenimiento para realizar esta técnica.

3.4.2. Encuestas Y Entrevistas Con El Personal

La información aportada por el personal tanto de operación como de mantenimiento permitió conocer y corroborar información de los historiales de cada los equipos en estudio, así como actualizar todo aquello que no se encontraba en ellos para poder aplicar el análisis de criticidad ya que no se contaba con suficiente información documentada y registrada acerca de la disponibilidad de repuestos, también se usó para la elaboración de la matriz FODA.

3.5. Matriz FODA

Este análisis es una herramienta útil para la planificación estratégica, proporcionó la información necesaria para la implantación de acciones y medidas correctivas que ayuden en el aprovechamiento de las fortalezas y oportunidades de la organización y así minimizar las debilidades y amenazas que la asechan. Provee una visión a futuro basándose el comportamiento presente.

3.5.1. Matriz De Decisión

Con esta matriz se seleccionó el tipo de mantenimiento preventivo a aplicar. Para ingresar a la matriz de decisión del mantenimiento en acción es indispensable el uso del parámetro de forma (β), que corresponda la pregunta principal de la matriz. Este parámetro da entrada a la matriz de decisión, cumpliéndose un procedimiento sistemático a través de los pasos A, B, C, D, E, F, G y H; en la figura N° 3.1 se presenta una matriz de decisión modificada donde se exponen los pasos a seguir para definir el tipo de mantenimiento preventivo.

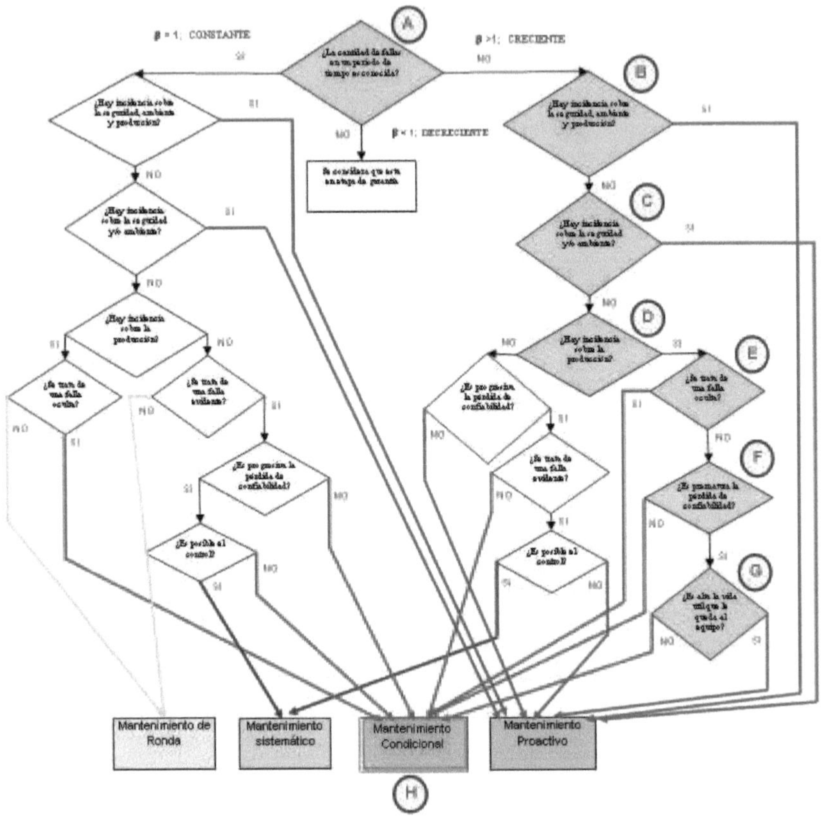

FIGURA Nº 3.1. MATRIZ DE DECISIÓN MODIFICADA.
FUENTE: ROJAS, N. (2008)

3.6. Técnicas De Procesamiento De Datos

Gráficas

Se utilizaron distintos tipos de gráficas para representar gran parte de la información recabada y obtenida, lo cual, facilitó la explicación y el análisis de los resultados. Para aplicar esta técnica se utilizaron gráficas de línea y barras.

Metodología D.S. para el análisis de criticidad

Se seleccionó esta técnica ya que se ajusta a las condiciones operacionales de la planta, esta metodología permitió establecer una jerarquización de los equipos, orientando el esfuerzo y los recursos en las áreas donde sea más importante en cuanto a producción, seguridad y ambiente.

Manejo de Programas de Computación

Estos elementos además de agilizar los cálculos y el procesamiento de la información, fueron útiles a la hora de presentar los resultados en forma más ordenada. En esta investigación se utilizó: Microsoft Word, Excel , Sistema SAP y el software Autocon 1.0.

3.7. Etapas De La Investigación

La realización de este trabajo se dividió en 8 etapas, las cuales se describen a continuación:

Revisión Bibliográfica

Esta etapa se recopiló la información necesaria para el desarrollo del proyecto, mediante la consulta bibliográfica de textos, manuales, normas, tesis de grado, páginas de Internet y todo material relacionado con el tema.

Diagnóstico de la situación actual de los equipos

Se recopiló información acerca de los equipos sometidos a estudio desde distintas fuentes como manuales de fabricantes para conocer el tipo de bomba, marca, modelo, etc., además de las visitas al campo con el objeto de constatar el estado de las bombas, así como observar el comportamiento de las mismas durante su operación y también se conoció mas acerca de la importancia de los activos en el proceso con entrevistas a los operarios y demás personal técnico involucrado en el proceso. Por ultimo se extrajo información del sistema SAP la cual contiene datos sobre los tiempos entre fallas, tiempos fuera de servicio, y la descripción de cada falla presentada por cada equipo.

Análisis de criticidad los equipos rotativos pertenecientes a la ruta 11-A de la unidad de Urea

Para este análisis se utilizó la metodología de criticidad D.S. por ser la que más se adapta a los equipos sujetos a estudio debido a los factores que evalúa para el área de mantenimiento y el área operacional, quedando así: seis (6) parámetros para evaluar el área de mantenimiento los y son: Cantidad de Fallas ocurridas, Media de los tiempos fuera se servicio (MTFS), Disponibilidad de Repuestos, Cumplimiento de Mantenimiento Preventivo, Efectividad y Backlog; y tres (3) para el área operacional: Tipo de Conexión, Costo de Producción, Seguridad del personal, Equipo y/o

Ambiente. Para aplicarla, se requiere la evaluación factores antes mencionados, cuyas ponderaciones se muestran en las tablas N° 3.1, 3.2 y 3.3.

TABLA N° 3.1. PONDERACIONES DE LOS FACTORES POR EL ÁREA DE MANTENIMIENTO.

Equipo:	ÁREA DE MANTENIMIENTO	
Factor a evaluar	Criterios	Ponderación
1) Cantidad de Fallas Ocurridas	1a) $0 \leq F \leq 3$	1
	1b) $3 < F < 5$	2
	1c) $F \geq 5$	3
2) Media de los Tiempo Fuera de Servicio (MTFS)	2a) $MTFS \leq 158$	1
	2b) $158 < MTFS \leq 200$	2
	2c) $MTFS > 200$	3
3) Disponibilidad de Repuestos	3a) $DR > 80\%$	1
	3b) $50\% \leq DR < 80\%$	2
	3c) $DR < 50\%$	3
4) Cumplimiento del Mantenimiento Preventivo	4a) $75 \leq Cump \leq 100\%$	1
	4b) $50 \leq Cump < 75\%$	2
	4c) $0 \leq Cump \leq 50\%$	3
5) Efectividad	5a) $E \geq 80\%$	1
	5b) $50 < E \leq 80\%$	2
	5c) $0 < E \leq 50\%$	3
6) Backlog	6a) $0 \leq B \leq 1$	1
	6b) $1 < B \leq 1,5$	2
	6c) $B > 2$	3

TABLA N° 3.2. PONDERACIONES DE LOS FACTORES POR EL ÁREA OPERACIONAL.

Equipo:	ÁREA OPERACIONAL	
Factor a evaluar	Criterios	Ponderación
7) Tipo de Conexión	7a) Sistema Paralelo	1
	7b) Combinación	2
	7c) Sistema Serie	3
8) Costo de Producción	8a) Igual a la Meta	1
	8b) Menor a la Meta	2
	8c) Mayor a la Meta	3
9) Seguridad del Personal, Equipo y/o Ambiente	9a) Sin Consecuencias	1
	9b) Efecto temporal sobre la Seg. y/o Ambiente	2
	9c) Efecto permanente sobre la Seg. y/o Ambiente	3

Criticidad del equipo = [K1 (Ptos área de mantenimiento) + K2 (Ptos área operacional)] x 100.   **(3.1)**

Donde:

$K1 = 0,0270.$

$K2 = 0,0555.$

Los valores de K1 y K2, son los recomendados por el autor de la metodología D.S.

TABLA N° 3.3. CRITERIOS PARA LA EVALUACIÓN DE CRITICIDAD.

Criterio	Criticidad
($33 \leq$ Ponderación total $< 50\%$)	**No Crítico**
($50 \leq$ Ponderación total $< 65\%$)	**Semi-Crítico**
(Ponderación total $\geq 65\%$)	**Crítico**

La tabla N° 3.3 muestra los rangos de valores del criterio obtenido y a su vez indica el resultado de la criticidad. La metodología de criticidad D.S. es flexible y permite que los valores de las ponderaciones cambien y se ajusten a las necesidades de la organización siempre y cuando se deje igual para el resto de los equipos sujetos a estudio.

Análisis de los Modos y Efectos de Falla (AMEF) de los equipos rotativos críticos

Se utilizó para determinar las causas de las fallas, así como los efectos que esta produce, de acuerdo con el contexto operacional, sirviendo de apoyo en la conformación de las estrategias que aportarán beneficios a los planes de mantenimiento.

Cálculo del Parámetro de Forma (β) de los Equipos Críticos

Una vez obtenidos los equipos rotativos críticos, sus principales causas de falla y efectos que éstas producen, se procedió al cálculo del parámetro de forma (β) de la distribución de Weibull con el uso del software AUTOCON 1.0 a fin de seleccionar el tipo de mantenimiento preventivo a aplicar a los equipos rotativos críticos través de la matriz de decisión del mantenimiento en acción, teniendo cuatro tipos diferentes: mantenimiento de ronda, sistemático, condicional o mantenimiento proactivo.

Determinación de las Fortaleza, Amenazas, Debilidades y Oportunidades que ayuden a la conformación de las estrategias

En esta etapa se elaboraron parte de las estrategias que contribuirán al mejoramiento de la gestión de mantenimiento. Para esto se entrevistó al personal de planificacion de FertiNitro quienes dieron sus opiniones sobre las Fortalezas, Oportunidades, Debilidades y Amenazas de la organización. Como se explicó en el capítulo II, FODA se basa en 2 contextos fundamentales: interno representado por las fortalezas y debilidades, y externo representado por la oportunidades y amenzas. La combinación de escenarios (como atacar las amenazas externas utilizando las fortalezas internas) permiten generar estrategias de mejoramiento continuo.

Propuesta de Estrategias de Mantenimiento

Se seleccionaron estrategias que ayuden a la mejora del comportamiento de los equipos rotativos críticos mediante el resultado obtenido con el AMEF, la matriz de decisión del mantenimiento en acción y el análisis FODA.

Redacción y Presentación del Trabajo de Investigación

En esta etapa del trabajo de investigación se redactó y estructuró toda la información recopilada durante el estudio, obteniéndose conclusiones de impacto significativo asociado a los objetivos propuestos. De igual forma se emitieron las recomendaciones apropiadas para la implantación de la propuesta en referencia, siguiendo todos los lineamientos establecidos y exigidos por la Universidad de Oriente.

CAPÍTULO IV. DESARROLLO DEL TRABAJO.

4.1. Diagnóstico De La Situación Actual De Los Equipos Rotativos

Los equipos rotativos sujetos a estudio son los pertenecientes a la ruta 11-A de la unidad de Urea (Tren 1), estos se utilizan para la producción de Urea líquida, lo cual se lleva a cabo a partir del amoniaco y el CO_2, por medio de una serie de procesos (Síntesis de urea y recuperación de NH_3 y CO_2 de alta presión, purificación de Urea y recuperación de NH_3 y CO_2 a presiones media y baja, concentración de urea y Tratamiento del agua no utilizada). El proceso de granulación se realiza para darle un tamaño apropiado al grano, esto se hace mediante tres (3) métodos; aglomeración, estratificación y crecimiento del grano. La composición de la Urea es de 99,3% Urea, 0,5% formaldehído y 0,2% agua. El formaldehído es un aditivo químico utilizado para el proceso de graduación.

Los equipos rotativos de la ruta a estudiar están compuestas por veintidós (22) bombas centrífugas y dos (2) bombas de desplazamiento positivo, cada bomba posee una bomba auxiliar o de respaldo, es por eso la catalogación con las letras **A** y **B**, sin embargo para las bombas 11-P-141B, 11-P-142B, 11-P-146B y 11-P-148B no se coloca la denominación **A** debido a que la mismas no pertenecen a la ruta en cuestión. A continuación se presentan las especificaciones técnicas de cada equipo rotativo y su función en el proceso productivo, dicha información abarca desde la tabla N° 4.1 a la tabla N° 4.13. Bombas dentro de la ruta 11-A:

EQUIPO (TAG)	11-P-101-A/B
Función	Bombear amoniaco a alta presión
Fluido manejado	Amoníaco líquido
Densidad (Kg/m^3)	585
Fabricante	EBARA pump
Modelo	3X8 3/4-10STG HSB
Tipo de bomba	Bomba centrifuga
R.P.M.	7872
Año de fabricación	1998
P. Succión (Kg/cm^2)	23,4 (a)
P. Descarga (Kg/cm^2)	230 (a)
Capacidad (m^3/h)	140

FUENTE: FERTINITRO.

FIGURA N° 4.1. BOMBA 11-P-101-A.
FUENTE: FERTINITRO. (2008)

48

Las bombas 11-P-101-A/B (figura N° 4.1) son parte del sistema de alta presión, son equipos centrífugos de alta velocidad, y bombean amoníaco líquido. A través de estas bombas se mantiene un flujo mínimo mediante los controladores de flujo instalados en sus líneas de succión. Estos equipos no deben trabajar con agua pues causarían daños catastróficos por la sobrepresión que ocasionarían en la línea de descarga. Las 11-P-101-A/B son las que más fallas han presentado desde que se inicio la producción en la planta. Actualmente se les aplica mantenimiento preventivo del tipo sistemático.

TABLA N° 4.2. INFORMACIÓN TÉCNICA DE LAS BOMBAS 11-P-102-A/B.

EQUIPO (TAG)	11-P-102-A/B
Función	Bombear solución de carbonato a alta presión
Fluido manejado	Solución de carbonato
Densidad (Kg/m³)	920
Fabricante	SUNDYNE
Modelo	HMP-50112
Tipo de bomba	Bomba centrifuga
R.P.M.	12543
Año de fabricación	1999
P. Succión (Kg/cm²)	18,70 (a)
P. Descarga (Kg/cm²)	158,50 (a)
Capacidad (m³/h)	90

FUENTE: FERTINITRO.

FIGURA N° 4.2. BOMBA 11-P-102-A.
FUENTE: FERTINITRO. (2008)

Las bombas 11-P-102-A/B (figura N° 4.2) son las encargadas de reciclar la solución de carbonato desde un absorbedor ubicado en el sistema de media presión. Se les aplica mantenimiento sistemático, pues semanalmente se les hace cambio de lubricante y limpieza de filtros.

TABLA N° 4.3. INFORMACIÓN TÉCNICA DE LAS BOMBAS 11-P-103-A/B.

EQUIPO (TAG)	11-P-103-A/B
Función	Bombear solución de carbonato a media presión
Fluido manejado	Solución de carbonato
Densidad (Kg/m³)	900
Fabricante	Pompe gabbioneta
Modelo	DH-320 /50
Tipo de bomba	Bomba centrifuga
R.P.M.	3550
Año de fabricación	1999
P. Succión (Kg/cm²)	4,6 (a)
P. Descarga (Kg/cm²)	26 (a)
Capacidad (m³/h)	46

FUENTE: FERTINITRO.

FIGURA N° 4.3. BOMBA 11-P-103-A.
FUENTE: FERTINITRO. (2008)

Las bombas 11-P-103-A/B (figura N° 4.3) forman parte del sistema de media presión, bombean la solución de carbonato desde un recipiente acumulador hasta un absorbedor de media presión, ellas han sido diseñadas para reciclar la solución de carbonato diluido. Actualmente se les aplica análisis de vibraciones, medición de temperatura y rutinas de lubricación semanal.

TABLA N°4.4. INFORMACIÓN TÉCNICA DE LAS BOMBAS 11-P-105-A/B.

EQUIPO (TAG)	11-P-105-A/B
Función	Bomba "booster" de amoniaco
Fluido manejado	Amoníaco líquido
Densidad (Kg/m³)	585
Fabricante	Pompe gabbioneta
Modelo	R-550\100GM3
Tipo de bomba	Bomba centrifuga
R.P.M.	1780
Año de fabricación	1999
P. Succión (Kg/cm²)	17,72 (a)
P. Descarga (Kg/cm²)	23,73 (a)
Capacidad (m³/h)	257

FUENTE: FERTINITRO.

FIGURA N° 4.4. BOMBA 11-P-105-A.
FUENTE: FERTINITRO. (2008)

Los equipos 11-P-105-A/B (figura N° 4.4), son bombas "booster" de amoníaco, son equipos centrífugos de una sola etapa envían amoníaco desde el recibidor de amoníaco a la succión de la bomba de amoníaco de alta presión 11-P-101 A/B, están equipadas con un sello mecánico lavado con amoníaco. Estas bombas se encuentran operativas y sus repuestos son de fácil adquisición.

TABLA N° 4.5. INFORMACIÓN TÉCNICA DE LAS BOMBAS 11-P-107-A/B.

EQUIPO (TAG)	11-P-107-A/B
Función	Bombear solución de amoniaco
Fluido manejado	Solución de amoníaco
Densidad (Kg/m³)	770
Fabricante	Pompe gabbioneta
Modelo	R200/25M1
Tipo de bomba	Bomba centrifuga
R.P.M.	3550
Año de fabricación	1999
P. Succión (Kg/cm²)	17,2 (a)
P. Descarga (Kg/cm²)	22,2 (a)
Capacidad (m³/h)	14

FUENTE: FERTINITRO.

Los equipos rotativos 11-P-107-A/B (Tabla N° 4.5), se encargan de bombear la solución de agua amoniacal desde el fondo del contenedor de la torre de lavado de inertes en el sistema de media presión hasta el tercer plato del absorbedor de media presión para limpiar los platos. Estos equipos están dotados con sellos mecánicos lavados con fluido del proceso. No han presentado graves problemas de paralización desde que se inicio la producción en la planta.

TABLA N°4.6. INFORMACIÓN TÉCNICA DE LAS BOMBAS 11-P-115-A/B.

EQUIPO (TAG)	11-P-115-A/B
Función	Bomba de alimentación de hidrolizador.
Fluido manejado	Urea y Sol. De carbonato diluido
Densidad (Kg/m³)	920
Fabricante	Pompe gabbioneta
Modelo	DH-320-60
Tipo de bomba	Bomba centrifuga
R.P.M.	3550
Año de fabricación	1999
P. Succión (Kg/cm²)	6,2 (a)
P. Descarga (Kg/cm²)	39,5 (a)
Capacidad (m³/h)	65

FUENTE: FERTINITRO.

Los equipos rotativos 11-P-115-A/B (tabla N° 4.6), son bombas centrífugas horizontales que manejan una solución diluida de carbonato y urea. Bombean con una presión diferencial de 33 kg/cm². Se les aplica mantenimiento preventivo sistemático.

TABLA N° 4.7. INFORMACIÓN TÉCNICA DE LAS BOMBAS 11-P-116-A/B.

EQUIPO (TAG)	11-P-116-A/B
Función	Bomba de recuperación de drenaje cerrado.
Fluido manejado	Solución pobre en carbonato
Densidad (Kg/m³)	970
Fabricante	Pompe gabbioneta
Modelo	VI 140
Tipo de bomba	Bomba centrifuga
R.P.M.	3500
Año de fabricación	1999
P. Succión (Kg/cm²)	1,1 (a)
P. Descarga (Kg/cm²)	3,2 (a)
Capacidad (m³/h)	6

FUENTE: FERTINITRO.

FIGURA N° 4.5. BOMBAS 11-P-116-A/B.
FUENTE: FERTINITRO. (2008)

Los equipos rotativos 11-P-116-A/B (figura N° 4.5) son bombas verticales recuperadoras de drenaje cerrado. Son bombas centrífugas verticales, manejan una solución pobre de carbonato proveniente del sistema de drenaje, están sumergidas dentro del tanque de drenaje cerrado de carbonato (T-104) del cual succiona, para enviar hacia el tanque de Condensado de Proceso (T-102). Estas bombas son de dimensiones pequeñas, han presentado pocos problemas de falla desde su puesta en servicio en planta, se les aplica mantenimiento sistemático.

TABLA N°4.8. INFORMACIÓN TÉCNICA DE LA BOMBA 11-P-141-B.

EQUIPO (TAG)	11-P-141-B
Función	Bomba de lubricación de la 11- P-101-A
Fluido manejado	Lubricante (Energol THB46)
Densidad (Kg/m³)	880
Fabricante	TAIKO PUMP
Modelo	NH-GHS-4MFT
Tipo de bomba	Bomba centrifuga
R.P.M.	1750
Año de fabricación	1998
P. Succión (Kg/cm²)	0
P. Descarga (Kg/cm²)	5 (g)
Capacidad (m³/h)	6

FUENTE: FERTINITRO.

TABLA N°4.9. INFORMACIÓN TÉCNICA DE LA BOMBA 11-P-142-B.

EQUIPO (TAG)	11-P-142-B
Función	Bomba de lubricación de la 11- P-101-B
Fluido manejado	Lubricante (Energol THB46)
Densidad (Kg/m³)	880
Fabricante	TAIKO PUMP
Modelo	NH-GHS-4MFT
Tipo de bomba	Bomba centrifuga
R.P.M.	1750
Año de fabricación	1998
P. Succión (Kg/cm²)	0
P. Descarga (Kg/cm²)	5 (g)
Capacidad (m³/h)	6

FUENTE: FERTINITRO.

FIGURA N° 4.6. BOMBA 11-P-142-B.
FUENTE: FERTINITRO. (2008)

Los equipos rotativos 11-P-141-B (tabla N° 4.8) y 11-P-142-B (figura N° 4.6) son bombas centrifugas auxiliares de aceite de lubricación de las bombas 11-P-101-A y 101-B respectivamente. Son de dimensiones pequeñas y se les aplica mantenimiento de ronda.

TABLA N° 4.10. INFORMACIÓN TÉCNICA DE LAS BOMBAS 11-P-143-A/B.

EQUIPO (TAG)	11-P-143-A/B
Función	(Bomba de limpieza para la P-101- A/B)
Fluido manejado	Condensado (H2O)
Densidad (Kg/m³)	1000
Fabricante	SUNFLO
Modelo	P-2BEG
Tipo de bomba	Bomba centrifuga
R.P.M.	3525
Año de fabricación	1999
P. Succión (Kg/cm²)	0
P. Descarga (Kg/cm²)	30,0 (g)
Capacidad (m³/h)	12

FUENTE: FERTINITRO.

FIGURA N° 4.7. BOMBAS 11-P-143-A/B. FUENTE: FERTINITRO. (2008)

Las bombas centrifugas 11-P-143-A/B (figura N° 4.7) son bombas de limpieza de sello de los equipos rotativos 11-P-101- A/B. Estas bombas deben ser monitoreadas constantemente debido a que de ellas depende parte del funcionamiento de las bombas de alta presión P-101- A/B, ya que su mayor causa de falla es daño por desgaste prematuro de los sellos mecánicos.

TABLA N° 4.11. INFORMACIÓN TÉCNICA DE LA BOMBA 11-P-146-B.

EQUIPO (TAG)	11-P-146-B
Función	Bomba auxiliar de aceite de la P-102-A (B.de Lub.)
Fluido manejado	Lubricante (Energol THB46)
Densidad (Kg/m³)	880
Fabricante	FMC
Modelo	M0610
Tipo de bomba	Bomba centrifuga
R.P.M.	3500
Año de fabricación	1999
P. Succión (Kg/cm²)	0
P. Descarga (Kg/cm²)	1,96 (g)
Capacidad (m³/h)	6,8

FUENTE: FERTINITRO.

EQUIPO (TAG)	11-P-148-B
Función	Bomba auxiliar de aceite de la P-102-B (B.de Lub.)
Fluido manejado	Lubricante (Energol THB46)
Densidad (Kg/m³)	880
Fabricante	FMC
Modelo	M0610
Tipo de bomba	Bomba centrifuga
R.P.M.	3500
Año de fabricación	1999
P. Succión (Kg/cm²)	0
P. Descarga (Kg/cm²)	1,96 (g)
Capacidad (m³/h)	6,8

FUENTE: FERTINITRO.

FIGURA N° 4.8. BOMBA 11-P-148-B.
FUENTE: FERTINITRO. (2008)

Las equipos rotativos 11-P-146-B (tabla N° 4.11) y 11-P-148-B (figura N° 4.8) son bombas centrifugas auxiliares de aceite de lubricación de las bombas 11-P-102-A/B. Su comportamiento en el contexto operacional es muy similar al de las bombas 11-P-141-B y 11-P-142-B.

TABLA N° 4.13. INFORMACIÓN TÉCNICA DE LAS BOMBAS 11-P-147-A/B.

EQUIPO (TAG)	11-P-147-A/B
Función	Bomba de condensado
Fluido manejado	Condensado (H2O)
Densidad (Kg/m³)	1000
Fabricante	FMC
Modelo	M0610
Tipo de bomba	Bomba reciprocante
R.P.M.	250
Año de fabricación	1999
P. Succión (Kg/cm²)	26 (g)
P. Descarga (Kg/cm²)	92 (g)
Capacidad (m³/h)	1,14

FUENTE: FERTINITRO.

FIGURA N° 4.9. BOMBA 11-P-147-A. FUENTE: FERTINITRO. (2008)

Las equipos rotativos 11-P-147-A/B (figura N° 4.9) son bombas horizontales del tipo reciprocante, con tres pistones, manejan condensado, y se encargan del lavado de sellos de las bombas centrifugas 11-P-102-A/B. Estas bombas han presentado problemas de generación menor a la que se necesita para lavar los sellos. Las bombas 11-P-147-A/B son de alta importancia en el funcionamiento y operatividad de las bombas 11-P-102-A/B.

Todos los equipos se encuentran en un área limpia, libre de contaminación salvo los venteos amoniacales propios del proceso para la producción de urea; los equipos de esta ruta paseen planes de mantenimiento preventivos a frecuencias dinámicas tales como rutinas de lubricación e inspecciones predicativas (análisis de vibraciones).

Las partes principales que conforman las bombas centrifugas en estudio son las siguientes:

- Cuerpo.

- Impulsor.

- Anillos de desgaste.

- Estoperas.

- Empaques y sellos.

- Eje.

- Sistema de lubricación.

En la ruta en estudio solo hay dos bombas reciprocantes (11-P-147-A/B). Sus partes principales son:

- Sistema cilindro embolo para la impulsión del fluido manejado.
- Biela.
- Vástago.
- Válvula de aspiración y de impulsión.

4.2. Análisis De Criticidad Para Los Equipos Rotativos De La Ruta 11-A De La Unidad De Urea

Para jerarquizar los activos pertenecientes a la ruta 11-A de la unidad de Úrea, se aplicó un estudio de criticidad basado en la metodología D.S. según lo explicado en capítulo III de este trabajo.

Para aplicar el análisis de criticidad fue necesario localizar la data de falla de los equipos, avisos de trabajo y fin de los trabajos de mantenimiento, para ello se utilizó el sistema SAP. Para este estudio se consideraron fallas a todos aquellos eventos (avisos SAP) que de alguna u otra forma afectan a la producción, seguridad y medio ambiente.

La organización cuenta con un registro de fallas de los equipos, estos se muestran en la tabla N° 4.14 y refleja los tiempos entre falla, cantidad de fallas ocurridas y tiempo fuera de servicio de la bomba 11-P-101-A, la misma información para el resto de los equipos se encuentra en el Anexo D de este trabajo.

11-P-101-A		PARADA		ARRANQUE		TEF	TFS
N°	AVISO	FECHA FALLA	HORA Falla	FIN AVERIA	HORA Arranque	(Hrs)	(Hrs)
1	10024447	06.01.2008	13:00	18.01.2008	14:00	-	289
2	10024481	31.01.2008	15:00	06.02.2008	16:00	313	145
3	10029138	26.02.2008	15:00	29.02.2008	9:00	479	66
4	10030495	22.03.2008	13:00	28.03.2008	8:00	532	139
5	10031476	25.04.2008	13:00	04.05.2008	14:00	677	217
6	10032361	30.05.2008	13:00	04.06.2008	9:00	623	116
7	10032425	02.07.2008	8:00	09.07.2008	15:00	785	175

FUENTE: FERTINITRO

La media de los Tiempos entre Fallas (MTEF) y la Media de los Tiempos Fuera de Servicio (MTFS) se obtuvieron a partir de las siguientes expresiones:

$$MTEF = \frac{\sum (Tiempos\ entre\ Falla)}{Tamaño\ de\ la\ muestra} \tag{4.1}$$

$$MTFS = \frac{\sum (Tiempos\ Fuera\ de\ Servicio)}{Cantidad\ de\ fallas} \tag{4.2}$$

Donde:

$MTEF$ = Media de los Tiempos entre Fallas (horas).

$MTFS$ = Media de los Tiempos Fuera de Servicio (horas).

Aplicando las ecuaciones 4.1 y 4.2 para la bomba 11-P-101-A se obtiene lo siguiente:

$$MTEF = \frac{313 + 479 + 532 + 677 + 623 + 785}{6} = 568{,}17 \; horas\,.$$

$$MTFS = \frac{289 + 145 + 66 + 139 + 217 + 116 + 175}{7} = 163{,}86 \; horas\,.$$

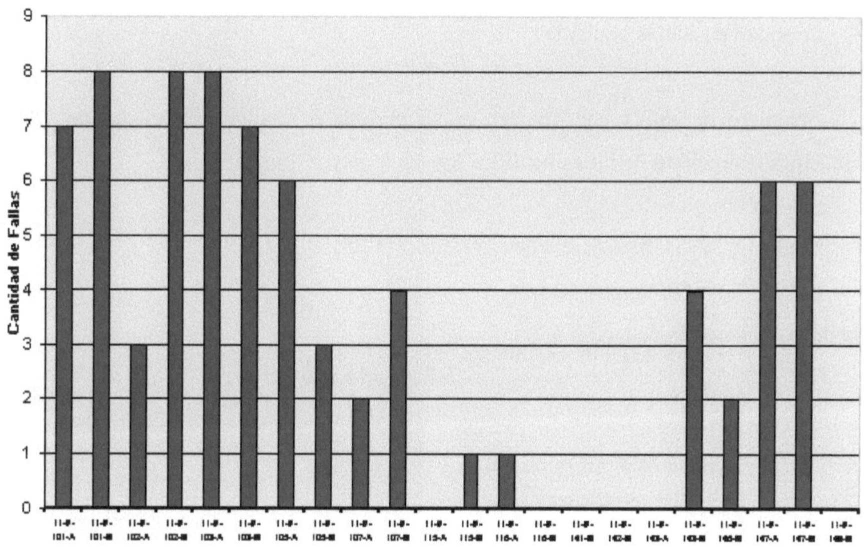

FIGURA N° 4.10. FALLAS DE CADA BOMBA.
FUENTE: FERTINITRO

En la figura N° 4.10 se muestra la cantidad de fallas de cada bomba, presentando la mayor cantidad las bombas 11-P-101-B, 11-P-102-B, 11-P-103-A, con ocho (8) fallas. En el caso de las bombas 11-P-115-A, 11-P-116-B, 11-P-141-B, 11-P-142-B, 11-P-143-A y 11-P-148-B no se tiene registro de fallas durante el periodo en estudio.

Una vez obtenida esta información proveniente del sistema SAP, y las encuestas aplicadas al personal de mantenimiento, se procedió a evaluar los factores tanto para el área de mantenimiento como para el área operacional en la bomba 11-P-101-A, y son:

Factores que Intervienen en el Área de Mantenimiento.

✓ Cantidad de Fallas ocurridas:

Número de fallas que ocurren en el período a evaluar. En el Anexo D, se encuentra la cantidad de fallas de todos los equipos y su descripción.

✓ Media de los Tiempo Fuera de Servicio (MTFS):

Se determinó con la ecuación 4.2.

$$MTFS = 163,86 \ horas$$

✓ Disponibilidad de Repuestos (DR):

Este factor se determina con la ecuación 4.3.

$$DR = \frac{Cantidad \ Satisfecha}{Cantidad \ Demandada} * 100 \qquad \textbf{(4.3)}$$

Los datos para determinar este valor fueron obtenidos aplicando encuestas a los planificadores quienes son los encargados de localizar los repuestos resultando lo siguiente:

$$DR_{P1} = \frac{0}{1} * 100 = 0\%, \ DR_{P2} = \frac{1}{4} * 100 = 25\% \ \text{y} \ DR_{P3} = \frac{1}{3} * 100 = 33,33\%$$

$$D_{prom} = \frac{\sum_{i=1}^{n} Disp}{n} = \frac{Disp_1 + Disp_2 + Disp_3}{3} \qquad (4.4)$$

Con la ecuación 4.4 se calculó la disponibilidad promedio:

$$D_{prom} = \frac{0 + 25 + 33,33}{3} = 19,44\%$$

✓ Cumplimiento de Mantenimiento Preventivo (CMP):

Este factor se determina mediante el uso de la ecuación 4.5 y guarda relación directa sobre las Órdenes de Trabajo (ODT).

$$CPM = \frac{ODT\ Ejecutadas}{ODT\ Emitidas} * 100 \qquad (4.5)$$

$$CPM = \frac{564}{630} * 100 = 89,5\%$$

Este valor de 89,5% es el cumplimiento del mantenimiento preventivo que se utiliza en toda la parte de mecánica rotativa de la ruta en estudio ya que el cumplimiento que se lleva es por área y no por equipo.

✓ Efectividad de Equipos :

Viene dada por la ecuación 4.6, la cual relaciona las horas que el equipo esta produciendo y las que dispone para hacerlo.

$$Efectividad = \frac{Horas\ Efectivas}{Horas\ Disponibles} * 100 \qquad (4.6)$$

Para la bomba 11-P-101-A:

Horas calendario = (274 días)(24 horas) = 6576 horas.*

Las horas de paradas programadas son las horas de mantenimiento preventivo proporcionado por el sistema SAP (Anexo C).

Horas de paradas programadas = 1437 horas.

Horas Disponibles = Horas Calendario − Horas de Paradas programadas

(4.7)

Horas disponibles = 6576-1437= 5139 horas.

Horas de Demora (Partiendo de la premisa que son el total de los tiempos fuera de servicio) = 1147 horas.

$$\text{Horas Efectivas = Horas Disponibles − Horas de Demora} \qquad (4.8)$$

Horas efectivas = 3992 horas.

Utilizando la ecuación 4.6, se tiene que la efectividad del equipo 11-P-101-A es:

Efectividad = 77,7%.

La efectividad de los demás equipos se encuentra en el Anexo E.

✓ Backlog:

Indica la cantidad de trabajo pendiente por realizar en un período determinado en función a las horas disponibles. Este indicador puede ser estimado por la ecuación 4.9, se recomienda determinarlo por semana.

$$Back\ \log = \frac{H-H\ \text{de las ordenes de trabajo pendiente por ejecución}}{H-H\ \text{Disponibles por semana}} \tag{4.9}$$

El Backlog debe ser determinado por la ecuación 4.9 debido a que las ordenes deben ser cerradas semanalmente, sin embargo no se contó con un registro completo de toda la información por lo que fue necesario entrevistar al planificador de la unidad de urea y dio fe de que el Backlog es de tres (3). Para este tipo de organización se exige un valor máximo de dos, por tal se modificó esta casilla en la matriz D.S. a fin de adaptarlo en el contexto operacional en el que se encuentran los activos en estudio.

Factores que Intervienen en el Área Operacional.

✓ Tipo de Conexión:

Este factor viene dado por el tipo de configuraciones que puede estar dispuesto un equipo en un proceso productivo, dado que puede ser una configuración serie, paralelo, mixto y complejo, ó una combinación de las mismas.

✓ Costo de Producción:

Son los desembolsos que se generan debido a la operación y mantenimiento de equipos.

Para los costos de producción se trabajó con el costo general de mantenimiento de equipos rotativos ya que no se dispone de un presupuesto asignado para cada equipo.

✓ SIAHO:

Evalúa la Seguridad Integral Ambiente e Higiene Ocupacional, es decir, la consecuencia que se genera al personal y al ambiente.

Una vez obtenidos los datos a través del uso del Sistema SAP y las encuestas realizadas, se llena la matriz de criticidad.

Debido a la cantidad de equipos rotativos (22) se presenta a continuación la aplicación de la matriz de criticidad por la metodología D.S. para la bomba 11-P-101-A, el resto se presentan con el criterio resultante en la tabla N° 4.18. La evaluación del resto de los equipos se encuentra en el Anexo G de este trabajo.

En las tablas N° 4.15, 4.16 y 4.17 se muestra el resultado obtenido al evaluar la bomba centrifuga 11-P-101-A.

TABLA N° 4.15. FACTORES EVALUADOS PARA EL ÁREA DE MANTENIMIENTO.

Equipo: 11-P-101-A	ÁREA DE MANTENIMIENTO			
Factor a evaluar	Criterios	Ponderación	Criterio Seleccionado	Puntos
1) Cantidad de Fallas Ocurridas	1a) $0 \leq F \leq 3$	1		
	1b) $3 < F < 5$	2		
	1c) $F \geq 5$	3	1c	3
2) Media de los Tiempo Fuera de Servicio (MTFS)	2a) $MTFS \leq 154$	1		
	2b) $154 < MTFS \leq 200$	2	2b	2
	2c) $MTFS > 200$	3		
3) Disponibilidad de Repuestos	3a) $DR > 80\%$	1		
	3b) $50\% \leq DR < 80\%$	2		
	3c) $DR < 50\%$	3	3c	3
4) Cumplimiento del Mantenimiento Preventivo	4a) $75 \leq Cump \leq 100\%$	1	4a	1
	4b) $50 \leq Cump < 75\%$	2		
	4c) $0 \leq Cump \leq 50\%$	3		
5) Efectividad	5a) $E \geq 80\%$	1		
	5b) $50 < E \leq 80\%$	2	5b	2
	5c) $0 < E \leq 50\%$	3		
6) Backlog	6a) $0 \leq B \leq 1$	1		
	6b) $1 < B \leq 1,5$	2		
	6c) $B > 2$	3	6c	3
	Total puntos obtenidos en el área de mantenimiento: 14			

Equipo: 11-P-101-A	ÁREA OPERACIONAL				
Factor a evaluar	Criterios	Ponderación	Criterio Seleccionado	Puntos	
7) Tipo de Conexión	7 a) Sistema Paralelo	1	7a	1	
	7b) Combinación	2			
	7c) Sistema Serie	3			
8) Costo de Producción	8a) Igual a la Meta	1			
	8b) Menor a la Meta	2			
	8c) Mayor a la Meta	3	8c	3	
9) Seguridad del Personal, Equipo y/o Ambiente	9a) Sin Consecuencias	1			
	9b) Efecto temporal sobre la Seg. y/o Ambiente	2			
	9c) Efecto permanente sobre la Seg. y/o Ambiente	3	9c	3	
Total puntos obtenidos en el área operacional: 7					

El total de los puntos obtenidos tanto en el área de mantenimiento como operaciones son evaluados en la tabla N° 4.17 para determinar la criticidad de los equipos que intervienen en el proceso productivo. Para ello se requieren de los valores de K_1 y K_2, cuyas constantes pertenecen a las áreas de mantenimiento y operaciones respectivamente, K_1 y K_2 tienen su razón de ser, éstas garantizan que la evaluación obtenida no exceda el 100%. Los valores de las constantes (Capítulo III) K_1 y K_2 dependen específicamente del número de factores o variables que intervienen en cada área.

TABLA N° 4.17. RESULTADOS OBTENIDOS DE LA EVALUACIÓN.

Criticidad del equipo = [0,0270 * (14) + 0,0555 * (7)] x 100 = 76,65 %		
	Criticidad del equipo	**Seleccionar con X**
Evaluación Obtenida	No Crítico (32 ≤ Ponderación total < 50%)	
	Semi-Crítico (50 ≤ Ponderación total <65%)	
	Crítico (Ponderación total ≥ 65%)	**X**

Con la aplicación del análisis de criticidad basado en la metodología D.S se pudo identificar los equipos críticos que actúan en el proceso. Los mismos se muestran en la tabla N° 4.18. La demostración de criticidad para el resto de los equipos se encuentra en el Anexo G.

TABLA N° 4.18. NIVEL DE CRITICIDAD DE LOS EQUIPOS SUJETOS A ESTUDIO.

N°	Bomba	Valor de la criticidad	Nivel de criticidad
1	11-P-101-A	76,65	*Crítico*
2	11-P-101-B	71,25	*Crítico*
3	11-P-102-A	63,15	Semi-Crítico
4	11-P-102-B	71,25	*Crítico*
5	11-P-103-A	71,25	*Crítico*
6	11-P-103-B	65,85	*Crítico*
7	11-P-105-A	60,3	Semi-Crítico
8	11-P-105-B	63	Semi-Crítico
9	11-P-107-A	60,15	Semi-Crítico
10	11-P-107-B	54,75	Semi-Crítico
11	11-P-115-A	60,3	Semi-Crítico
12	11-P-115-B	60,3	Semi-Crítico

13	11-P-116-A	49,35	No Critico
14	11-P-116-B	49,35	No Critico
15	11-P-141-B	49,35	No Critico
16	11-P-142-B	49,35	No Critico
17	11-P-143-A	60,3	Semi-Crítico
18	11-P-143-B	63	Semi-Crítico
19	11-P-146-B	54,75	Semi-Crítico
20	11-P-147-A	60,3	Semi-Crítico
21	11-P-147-B	60,3	Semi-Crítico
22	11-P-148-B	52,05	Semi-Crítico

4.3. Análisis De Los Modos Y Efectos De Falla De Los Equipos Rotativos Críticos.

Una vez obtenidos los equipos rotativos críticos se procedió con la elaboración del AMEF. Este análisis se utilizó para determinar las causas de las fallas ocurridas y las potenciales, así como los efectos que producen, a fin de generar estrategias que ayuden en la disminución de las fallas y por ende de los efectos ocasionados por estas. Debido a que los equipos rotativos críticos 11-P-101-A/B son similares al igual que las bombas centrifugas 11-P-103-A/B, se elaboró un AMEF similar para cada una, pues tienen la misma función en el contexto operacional. El Análisis de los Modos y Efectos de Falla (AMEF) de los cinco (5) equipos que resultaron críticos se muestran en las tablas N° 4.19, 4.20 y 4.21.

TABLA N° 4.19. AMEF APLICADO EN LOS EQUIPOS 11-P-101-A/B.

EQUIPO: *Bomba de amoniaco de alta presión.*				Recopilado Por: *Alonso Ojeda*	FECHA: *Noviembre-2008*	HOJA #. *1*
CÓDIGO DE EQUIPO: *11-P-101-A/B.*				REF: **Mecánica**		DE: *1*

N°	FUNCIONES		FALLAS FUNCIONALES		MODOS DE FALLAS	EFECTOS DE LAS FALLAS
	Transferencia de amoníaco desde la succión hasta la descarga a una tasa de flujo constante de 140 m³/h y una presión de descarga de 230 Kg/cm² (a).	A	No bombea.	A.1	Acople Roto.	Se generan altas vibraciones entre el motor y la bomba, ocasionando daños en el eje de la misma, por lo cual se detiene el equipo como medida de seguridad del personal, medio ambiente y producción.
				A.2	Amoníaco fuera de especificación.	Si a la entrada de la bomba el producto no viene con la temperatura y presión adecuada puede causar serios daños en el equipo, tales como problemas de cavitación, daños en el rodete paralizando el equipo y por ende la producción.
				A.3	Fusibles quemados	No hay suministro de energía electricidad, lo cual ocasiona la parada inmediata del motor eléctrico y se detiene el proceso.
		B	Presión de descarga enor a 230 Kg/cm² (a).	B.1	Rotura de los sellos.	Al haber salida de fluido en el equipo, se pierde presión y esta no alcanza la carga requerida para el proceso, por lo que debe apagarse el equipo a fin de evitar daños en el mismo, seguridad del personal y medio ambiente.
				B.2	Filtro Tapado.	Lo cual ocasiona la pérdida de la capacidad del equipo, paralizándolo ocasionando retrazo en la producción.
		C	Caudal menor a 140 m³/h.	C.1	Desgaste de los sellos mecánicos.	Fuga del amoniaco y no se transmite el caudal necesario para la primera etapa del proceso de bombeo de amoníaco a alta presión, generándose la paralización del quipo, y afectando a la seguridad del personal, medio ambiente y producción.

	EQUIPO: *Bomba de solución de carbonato de alta presión.*			Recopilado Por: *Alonso Ojeda*	FECHA: *Noviembre-2008*	HOJA #. *1*
	CÓDIGO DE EQUIPO: *11-P-102-B.*			REF: Mecánica		DE: *1*

TABLA N° 4.20. AMEF APLICADO EN LOS EQUIPOS 11-P-102-B.

N°	FUNCIONES		FALLAS FUNCIONALES		MODOS DE FALLAS	EFECTOS DE LAS FALLAS
	Transferencia de carbonato desde la succión hasta la descarga a una tasa de flujo constante de 90 m³/h y una presión de descarga de 158,50 Kg/cm² (a).	A	No bombea.	A.1	Deficiencia de energía.	Al no existir la energía suficiente para arrancar el equipo, el mismo permanece paralizado, perdiéndose tiempo valioso para la producción.
		B	Presión de descarga menor a 158,50 Kg/cm² (a).	B..1	Válvulas de carga obstruidas.	No se puede controlar el proceso de carga y descarga de manera satisfactoria, por lo que debe paralizarse el equipo a fin de evitar daños mayores en el mismo, y disminuir los riesgos que representa hacia la seguridad del personal y medio ambiente.
				B.2	Filtro Tapado.	Esto ocasiona la perdida de caudal en el equipo y se debe forzar mas el equipo para vencer esta perdida hidráulica generándose un desgaste prematuro y por ende perdidas en la producción.
		C	Caudal menor a 90 m³/h.	C.1	Álabes desgastados	Los álabes desgastados en el impulsor, provocan el deslizamiento y recirculación del producto, lo que se traduce en una pérdida de la capacidad de bombeo.
				C.2	Desgaste de los sellos mecánicos	Generando fugas y pérdidas en el caudal necesario para el reciclaje la solución de carbonato, por lo que se paraliza el equipo por seguridad del personal y posibles daños al medio ambiente.

EQUIPO: *Bomba de solución de carbonato de media presión.*				Recopilado Por: *Alonso Ojeda*	FECHA: *Noviembre-2008*	HOJA #. *1*
CÓDIGO DE EQUIPO: *11-P-103-A/B.*				REF: Mecánica		DE: *1*

N°	FUNCIONES		FALLAS FUNCIONALES		MODOS DE FALLAS	EFECTOS DE LAS FALLAS
	Transferencia de carbonato desde la succión hasta la descarga a una tasa de flujo constante de 46 m³/h y una presión de descarga de 26 Kg/cm² (a).	A	No bombea.	A.1	Desgaste prematuro de los rodamientos.	Se generan altas vibraciones en el equipo debido a falla o desgaste en los rodamientos y por ende la paralización del mismo.
				A.2	Fusibles quemados	No hay suministro de energía eléctrica por lo que el equipo no se puede encender paralizando la producción.
		B	Caudal menor a 46 m³/h	B.1	Rotura de los sellos mecánicos	Pérdida de fluido y por ende no se transfiere el caudal necesario para le proceso, por lo que debe paralizarse el equipo como me día de seguridad hacia el personal y protección del medio ambiente y a su vez atrasando la producción.
		C	Presión de descarga menor a 26 Kg/cm² (a).	C.1	Desgaste del estator del motor eléctrico	El motor transfiere potencia menor a la requerida por el rodete para impulsar el carbonato, por lo tanto este fluido es impulsado con poca energía. Lo mismo conlleva a la paralización del equipo retrasando la producción planificada.

La tabla N° 4.22 muestra las causas de fallas más comunes en los equipos críticos según información del sistema SAP.

Tabla N° 4.22. Causas de fallas más comunes de los equipos críticos.

Equipos Críticos	Causa de Falla
11-P-101-A/B	Acople Roto.
	Producto Fuera de especificación.
	Fusibles quemados.
	Rotura de los sellos.
	Filtro Tapado.
	Desgaste de los sellos mecánicos
11-P-102-B	Deficiencia de energía.
	Válvulas de carga obstruidas.
	Filtro Tapado.
	Álabes desgastados.
	Desgaste de los sellos mecánicos.
11-P-103-A/B	Desgaste prematuro de los rodamientos.
	Fusibles quemados.
	Rotura de los sellos mecánicos.
	Desgaste del estator del motor eléctrico.

4.4. Parámetro De Forma (B) De La Distribución De Weibull.

Una vez realizado en análisis de los modos y efectos de falla en los equipos rotativos críticos, se procedió a hacer uso de la data de falla de estos equipos y obtener el parámetro de forma (β) de la distribución de Weibull para entrar a la matriz de decisión, resultando lo siguiente:

- Para la Bomba de Amoniaco de Alta presión 11-P-101-A:

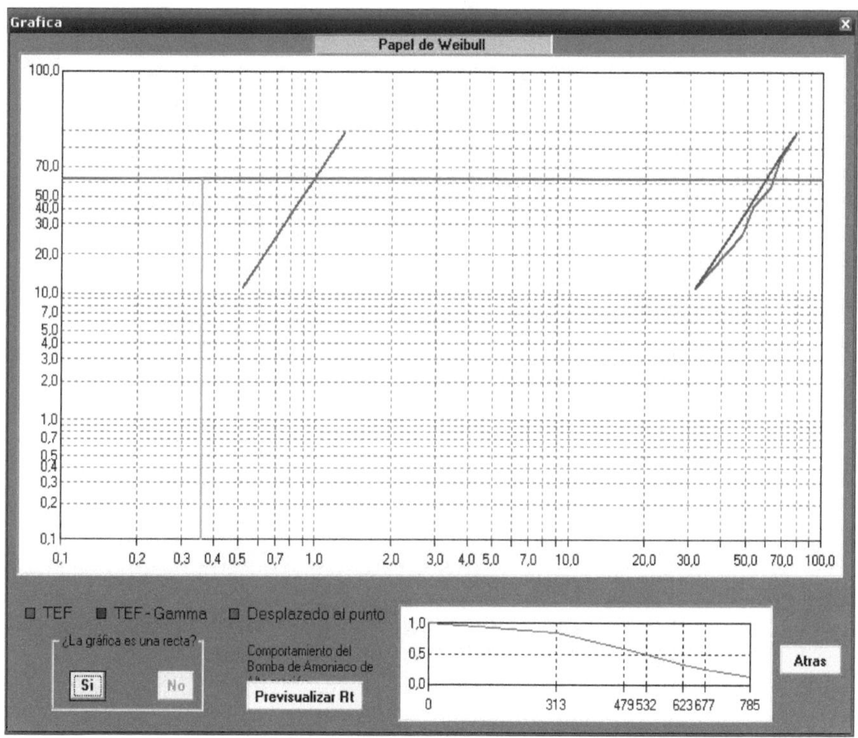

FIGURA N° 4.11. GRÁFICO DE DISTRIBUCIÓN DE DISTRIBUCIÓN DE WEIBULL.
FUENTE: PROPIA.

En la figura N° 4.11, se muestra la distribución de Weibull para la data del equipo rotativo crítico 11-P-101-A. El modelo de Weibull es muy flexible; tiene tres parámetros que permiten ajustar la data experimental u operacional a dicha distribución. La ley de distribución probabilística de Weibull representa a todos los períodos de vida del equipo. Para su utilización se precisa un banco de datos (T.E.F), de seis (6) lecturas como mínimo.

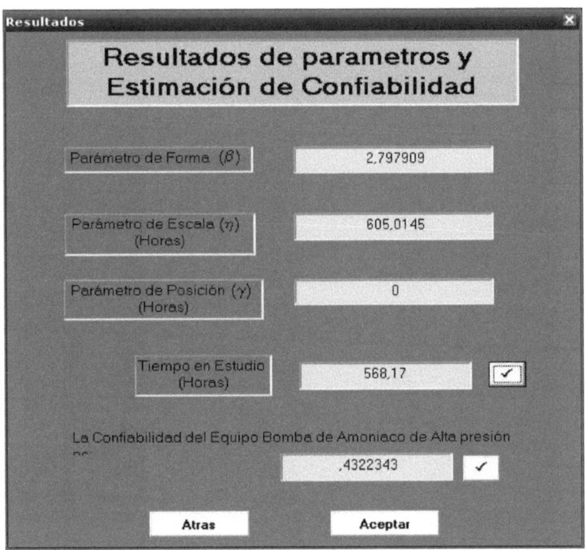

FIGURA N° 4.12. REPORTE DE RESULTADOS DE LA EVALUACIÓN DEL EQUIPO 11-P-101-A.
FUENTE: PROPIA.

La figura N° 4.12 indican los resultados obtenidos al evaluar el equipo 11-P-101-A teniendo una confiabilidad de 43,22% para un tiempo promedio entre fallas igual a 568,17 horas, y un parámetro de forma β= 2,79. En la tabla N° 4.23 se muestra los resultados de parámetro de forma, tiempo promedio entre fallas (TPEF) y confiabilidad para cada equipo rotativo crítico (Anexo H).

TABLA N° 4.23. PARÁMETRO DE FORMA, TPEF Y CONFIABILIDAD DE LOS EQUIPOS CRÍTICOS.

Equipo	β	Tiempo evaluado (TPEF en horas)	R(t)
11-P-101-A	2,79	568,17	43,22 %
11-P-101-B	3,41	608	100 %
11-P-102-B	2,95	582,85	43,92 %
11-P-103-A	2,40	553,28	50,55 %
11-P-103-B	3,89	526	41,33 %

FUENTE:PROPIA

Por requerimientos de la organización se evaluó confiabilidad de cada equipo rotativo crítico para un TPEF (tabla N° 4.22) esto con el fin de conocer el estado en el que se encuentran los componentes de los mismos. La confiabilidad resultó cercana a un 50% excepto para el equipo 11-P-101-B que la confiabilidad es 100% debido a posibles errores en su data, y el 100% significa que la probabilidad de falla de ésta bomba comienza a partir del valor del parámetro de posición (γ) que resultó ser 708,305 horas; por otro lado el parámetro de forma para todos los equipos rotativos críticos resulto ser mayor a 1 ($\beta>1$), lo que significa que la cantidad de fallas en un período de tiempo es desconocida con tendencia a crecer. Este parámetro da entrada a la matriz de decisión, cumpliéndose un procedimiento explicado en el capitulo III, para determinar el tipo de mantenimiento preventivo que recomienda la matriz. A continuación se describen los pasos a seguir para definir el tipo de mantenimiento que se debe aplicar en este estudio:

A) **¿La cantidad de fallas en un periodo de tiempo es conocida?** No, con tendencia a crecer, ya que en el estudio de confiabilidad el parámetro de forma resulto ser mayor a uno.

B) **¿Hay incidencia sobre la seguridad, ambiente y producción?** SI, ya que la falla incide simultáneamente sobre estos tres factores.

Una vez respondidas estas dos preguntas en la matriz de decisión mostrada en la figura N° 3.1, ésta recomienda aplicar **Mantenimiento Proactivo** en los cinco equipos rotativos críticos, sin embargo no se debe aplicar solo este tipo de mantenimiento pues también se puede aplicar otro preventivo según lo indique el AMEF debido a que hay componentes que solo se reemplazan cuando fallan. A continuación se presentan en las tablas N° 4.24, 4.25, 4.26, 4.27 y 4.28 la descripción de cada falla de los equipos rotativos críticos según los reportes generados en el sistema SAP.

TABLA N° 4.24. AVISOS DE FALLA Y DESCRIPCIÓN PARA EL EQUIPO 11-P-101-A.

N°	AVISO	PROBLEMA Y/O DESCRIPCIÓN DE LA FALLA
1	10024447	Reemplazo de ambos sellos.
2	10024481	Fuga por el sello mecánico
3	10029138	Filtro dañado
4	10030495	Fuga por el sello mecánico
5	10031476	Reemplazo del sello
6	10032361	Fuga por el sello mecánico
7	10032425	Reemplazo de ambos sellos.

TABLA N° 4.25. AVISOS DE FALLA Y DESCRIPCIÓN PARA EL EQUIPO 11-P-101-B.

N°	AVISO	PROBLEMA Y/O DESCRIPCIÓN DE LA FALLA
1	10009351	Fuga por el sello mecánico
2	10010584	Deficiencia en la descarga
3	10016907	Filtro dañado
4	10019744	Filtro dañado
5	10022081	Fuga por el sello mecánico
6	10030448	Filtro dañado
7	10031268	Fuga por el sello mecánico
8	10032387	Filtro dañado

TABLA N° 4.26. AVISOS DE FALLA Y DESCRIPCIÓN PARA EL EQUIPO 11-P-102-B.

N°	AVISO	PROBLEMA Y/O DESCRIPCIÓN DE LA FALLA
1	10013913	Fuga por el sello mecánico
2	10013996	Fuga por el sello mecánico
3	10015606	Filtro dañado
4	10026931	Fuga por el sello mecánico
5	10026967	Corregir fuga
6	10029116	Fuga por el sello mecánico
7	10029252	Fuga por el sello mecánico
8	10031956	Filtro dañado

TABLA N° 4.27. AVISOS DE FALLA Y DESCRIPCIÓN PARA EL EQUIPO 11-P-103-A.

N°	AVISO	PROBLEMA Y/O DESCRIPCIÓN DE LA FALLA
1	10008032	Fuga por el sello mecánico
2	10011119	Reemplazo de los rodamientos 11-P-103-A
3	10014150	Filtro dañado
4	10015529	Fuga por el sello mecánico
5	10029079	Fuga excesiva de producto por el sello mecánico
6	10029313	Fuga de producto por el sello mecánico
7	10030019	Daño en los rodamientos
8	10032722	Fuga por el sello mecánico

TABLA N° 4.28. AVISOS DE FALLA Y DESCRIPCIÓN PARA EL EQUIPO 11-P-103-B.

N°	AVISO	PROBLEMA Y/O DESCRIPCIÓN DE LA FALLA
1	10011208	Daño en filtro succión
2	10014053	Reemplazo de rodamientos
3	10022160	Filtro dañado
4	10029315	Daño en filtro succión
5	10030639	Deficiencia en la descarga
6	10031588	Incremento de vibración
7	10032544	Fuga de producto por el sello mecánico

En las tablas N° 4.29, 4.30 y 4.31, se muestran las cusas de fallas de equipo rotativo critico, las fallas más recurrentes en cada uno y la actividad recomendada.

TABLA N° 4.29. FALLAS MÁS RECURRENTES Y ACTIVIDAD SUGERIDA EN LAS BOMBAS P-101-A/B.

Equipo	Modo de falla	Falla más recurrente	Actividad
11-P-101-A/B	Acople Roto.	Fuga de producto por los sellos/ Filtros dañados	Realizar un estudio para sustituir los sellos y filtros de mejor calidad.
	Producto Fuera de especificación.		
	Fusibles quemados		
	Rotura de los sellos.		
	Filtro Tapado.		
	Desgaste de los sellos mecánicos.		

TABLA N° 4.30. FALLAS MÁS RECURRENTES Y ACTIVIDAD SUGERIDA EN LA BOMBA P-102-B.

Equipo	Modo de falla	Falla más recurrente	Actividad
11-P-102-B	Deficiencia de energía	Fuga de producto por los sellos/ Sellos dañados	Realizar un estudio para sustituir los sellos y filtros de mejor calidad.
	Válvulas de carga obstruidas.		
	Filtro Tapado		
	Álabes desgastados		
	Desgaste de los sellos mecánicos		

TABLA N° 4.31. FALLAS MÁS RECURRENTES Y ACTIVIDAD SUGERIDA EN LAS BOMBAS P-103-A/B.

Equipo	Modo de falla	Falla más recurrente	Actividad
11-P-103-A/B	Desgaste prematuro de los rodamientos	Fuga de producto por los sellos/ Desgaste prematuro en los Rodamientos.	Estudiar la factibilidad de sustituir sellos y rodamientos de mejor calidad u otro fabricante.
	Fusibles quemados		
	Rotura de los sellos mecánicos.		

La matriz de decisión recomienda utilizar mantenimiento preventivo del tipo proactivo a fin de disminuir la cantidad de fallas a futuro, sin embargo como se mencionó anteriormente, no se debe aplicar sólo mantenimiento preventivo, pues hay componentes en los que es preferible esperar a que fallen y reemplazarlos, tal es el caso en las fallas por filtros y fusibles dañados en los que resulta esperar a que se dañen para después cambiarlos. Se recomienda hacer una planificación para estas fallas que son las más concurridas a fin de tener un mantenimiento correctivo planificado.

4.5. Análisis De Las Fortalezas, Oportunidades, Debilidades Y Amenazas De La Organización.

El análisis situacional de la empresa FertiNitro, fue evaluado por los planificadores de mantenimiento, apoyándose en su conocimiento y experiencia profesional dentro de la organización. Para evaluar la Gestión de Mantenimiento en la organización se utilizó:

✓ Organización de la empresa.

✓ Organización de Mantenimiento.

✓ Planificación y programación de Mantenimiento.

✓ Colaboración entre operaciones y mantenimiento.

✓ Personal de Mantenimiento.

✓ Ubicación geográfica.

✓ Recursos para Mantenimiento.

✓ Cantidad de producción por día.

4.5.1. Análisis Del Contexto Interno.

Dado el diagnóstico situacional de la organización se procede a clasificar mediante un análisis interno y externo, las principales variables que hacen fuerte y débil a la organización, así como también las oportunidades y amenazas que la asechan.

Fortalezas.

• Personal con experiencia en el manejo y funcionamiento de los activos.

La mayoría del personal que labora en el área de mantenimiento conoce el funcionamiento de los equipos rotativos. Tiene conocimientos de la mayoría de las fallas y sus causas.

• Personal con vocación y disposición para asumir nuevos retos.

El personal de mantenimiento muestra disciplina a la hora de realizar sus actividades, además tienen entusiasmo en adquirir nuevos conocimientos que se traduzcan en una mejora sustancial en la calidad de los trabajos que realizan.

• Sistema SAP para mantenimiento.

La organización cuenta con este sistema, esta herramienta permita conocer de forma rápida cualquier evento ocurrido con algún equipo en planta, además de la planificación y programación de actividades preventivas que permitan preservar los activos.

- Los equipos rotativos poseen un equipo auxiliar o spare.

La ventaja de los equipos rotativos en planta, es que todos están conectados en paralelo, por ende si presenta falla se puede utilizar el equipo auxiliar.

- Ubicación estratégica del Muelle de Pequiven.

La ubicación geográfica en José, es un punto estratégico para el embarque del producto. El muelle de Pequiven ofrece una ventana de exportación hacia la mayoría de los mercados del mundo, pues permite el embarque de buques de gran tamaño.

- Complementariedad entre las diversas disciplinas.

Las disciplinas del Departamento de Mantenimiento (Instrumentación, Electricidad y Mecánica) se respaldan en varias actividades, permitiendo realizar dichos trabajos de una manera más eficiente.

- Alta velocidad de respuesta en la solución de problemas operacionales.

El personal de Mantenimiento se mantiene alerta ante cualquier contingencia o problema, lo que permite una respuesta rápida a los problemas que se suscitan en la planta.

- Excelente comunicación entre todo el personal de mantenimiento.

Todo el personal de mantenimiento, desde el rango mas alto hasta el más bajo, mantiene una constante comunicación, lo que permite canalizar las informaciones de una manera más rápida y efectiva.

• Actividades de Mantenimiento Predictivo a frecuencias dinámicas.

Las herramientas que se utilizan para el mantenimiento predictivo son el análisis de vibraciones y análisis de lubricante. El análisis se realiza de forma puntual y se lleva un seguimiento exhaustivo de la evolución de las vibraciones de las componentes de la bomba (eje, rodamientos y eje del motor); el análisis periódico del aceite en la búsqueda y detección de partículas extrañas permite la obtención de información para estimar cuando pude ocurrir la falla.

Debilidades.

• Carencia de conocimientos en el manejo del sistema SAP.

A pesar de que el sistema SAP es de gran ayuda para la generación y cierre de ordenes de trabajo, registro del comportamiento de los equipos y visualización de materiales, no todo el personal conoce el manejo y funcionamiento del mismo, retrasando la automatización de la información y por ende se genera un mayor tiempo en la búsqueda de datos del equipo, materiales y repuestos necesario para solventar cualquier imprevisto.

• Repuestos no catalogados en el sistema SAP.

A pesar de que se cuenta con el sistema SAP y los planificadores poseen conocimientos de su manejo y funcionamiento, muchas veces se buscan materiales y repuestos de equipos y estos no se encuentran registrados en el SAP, por lo que se debe buscar en el manual de operación hasta encontrar el tipo de repuesto a cambiar e ir al almacén desconociendo la ubicación del mismo.

• Poca colaboración entre Operaciones y Mantenimiento.

El personal de operaciones tiene poca participación en las actividades de mantenimiento de las bombas. Muchas actividades a condición pueden ser llevadas por este personal, gracias al uso de métodos de inspección basados en los sentidos humanos (ver, tocar, oler), además de actividades simples como rutinas de lubricación.

• Falta de equipos y herramientas.

El departamento de Mantenimiento cuenta con los equipos y herramientas básicas para garantizar su funcionamiento. Sin embargo muchas veces se debe recurrir a medios externos para cubrir ciertas necesidades. Tal es el caso cuando se necesitan máquinas de soldar, prensas hidráulicas, y otras herramientas especializadas.

• No todos los equipos rotativos son capaces de manejar cualquier fluido.

No todos los equipos rotativos en estudio son capaces de manejar cualquier fluido, pues las bombas centrifugas no pueden trabajar con cualquier fluido (fluido compresible) y este debe ser un fluido carente de partículas extrañas.

• Peligros en planta.

La organización produce amoniaco y urea, el primero es altamente peligroso para el ser humana, pues su inhalación puede causar daños irreparables en el ser humano y por ende se deben seguir muchas normas de precaución en planta.

4.5.2. Análisis Del Contexto Externo.

El análisis externo implica la recolección y evaluación de información económica, social, demográfica, geográfica, política, gubernamental, tecnológica y competitiva, con el objeto de identificar las oportunidades y amenazas claves que afronta la organización.

El entorno está constituido por todo aquello que no es parte de la organización, es decir, es el medio en el que el sistema se halla, se desenvuelve y actúa.

En función de estos aspectos se establecen algunas oportunidades y amenazas que impactan en la gestión del mantenimiento.

Oportunidades.

- Mercado de fertilizantes en crecimiento.

Debido a que la demanda de fertilizantes a nivel nacional e internacional va en aumento, pues tan importante producto es necesario para el desarrollo y crecimiento de grandes plantaciones y más aún con el hecho de la escasez de alimentos a nivel mundial por lo que se debe acelerar la producción de los mismos.

- Políticas internas de FertiNitro que van en la búsqueda de la Confiabilidad Operacional.

Actualmente las políticas de FertiNitro van en buscar de alcanzar altos estándares en materia operacional y de mantenimiento, que permitan poner a la organización a la par de grandes corporaciones mundiales. Por esto, FertiNitro se encuentra en un continuo adiestramiento de personal y de aplicación de nuevas tecnologías con el fin de alcanzar su misión en Mantenimiento y producción.

- Mayor número de empresas dedicadas al mantenimiento predictivo y capacitación profesional.

Cada vez existen más empresas dedicadas al mantenimiento predictivo. Ofreciendo soluciones de diseño de programas de mantenimiento predictivo, análisis de lubricantes, análisis de vibraciones y Termografía. Además el sector de capacitación profesional esta en aumento, ofreciendo soluciones que promueven la formación técnica del personal. Todo esto se pone a disposición de FertiNitro.

Amenazas.

- La obtención de repuestos críticos es compleja.

La compra de repuesto requiere de un trámite largo para su obtención por lo que una falla crítica ocasionaría una indisponibilidad del activo muy larga, provocando una disminución en la capacidad de Producción.

- Dependencia de servicios externos para realizar ciertas actividades.

Algunas actividades de mantenimiento dependen de contratistas externos para la realización de las actividades (por ejemplo el mantenimiento tanques e intercambiadores) originando una dependencia del Departamento de Mantenimiento, y evita que el mismo sea autosuficiente.

- Cercanía con otras plantas.

Debido a la cercanía existente entre la planta FertiNitro con otras plantas como lo son la de Metro, Super Octanos y Super Metanol, que trabajan principalmente con gases, representan un riesgo, pues si hubiese en alguna de estas una falla catastrófica, puede afectar a FertiNitro y viceversa.

Aplicación de la matriz FODA

Con todos los factores recopilados se procedió a elaborar la matriz FODA, la cual se muestra en las tablas N° 4.32 y 4.33.

TABLA N° 4.32. ESTRATEGIAS FO Y FA.

MATRIZ FODA	**Fortalezas** • Personal con experiencia en el manejo y funcionamiento de los activos. (F1) • Personal con vocación y disposición para asumir nuevos retos. (F2) • Sistema SAP para mantenimiento. (F3) • Los equipos rotativos poseen un equipo auxiliar o spare. (F4) • Ubicación estratégica del Muelle de Pequiven. (F5) • Complementariedad entre las diversas disciplinas. (F6) • Alta velocidad de respuesta en la solución de problemas operacionales. (F7) • Excelente comunicación entre todo el personal de mantenimiento. (F8) • Actividades de Mantenimiento Predictivo a frecuencias dinámicas. (F9)
Oportunidades • Mercado de fertilizantes en crecimiento. (O1) • Políticas internas de FertiNitro que van en la búsqueda de la Confiabilidad Operacional. (O2) • Mayor número de empresas dedicadas al mantenimiento predictivo y capacitación profesional. (O3)	**Estrategias FO** • Motivar al personal bien sea con adiestramiento, reconocimientos o monetariamente a fin del incrementar la producción sobre los niveles deseados. (F1,F2 y O1) • Adaptar las políticas internas de mantenimiento de FertiNitro al personal de mantenimiento y operaciones, orientándolos a actividades específicas. (F6 y O2) • Contactar a las distintas organizaciones dedicadas a la capacitación en el ámbito del mantenimiento preventivo a fin de obtener las distintas experiencias en plantas. (F7, F8,F9 y O1)
Amenazas • La obtención de repuestos críticos es compleja. (A1) • Dependencia de servicios externos para realizar ciertas actividades. (A2) • Cercanía con otras plantas. (A3)	**Estrategias FA** • Promover la presentación de proyectos y propuestas para lograr minimizar la dependencia de servicios externos. (F1, F2, F6 y A2) • Capacitar a un mayor número de personal en planta en el ámbito de seguridad industrial, ambiente e higiene ocupacional. (F1, F2, F6, F7 y A3) • Implementar un programa de planificación para la obtención rápida de repuestos antes de que falle algún activo o repuesto critico. (F1, F2, F3, F6 y A1)

TABLA N° 4.33. ESTRATEGIAS DO Y DA.

MATRIZ FODA	**Debilidades** • Carencia de conocimientos en el manejo del sistema SAP. (D1) • Repuestos no catalogados en el sistema SAP. (D2) • Poca colaboración entre Operaciones y Mantenimiento. (D3) • Falta de equipos y herramientas. (D4) • No todos los equipos rotativos son capaces de manejar cualquier fluido. (D5) • Peligros en planta. (D6)
Oportunidades • Mercado de fertilizantes en crecimiento. (O1) • Políticas internas de FertiNitro que van en la búsqueda de la Confiabilidad Operacional. (O2) • Mayor número de empresas dedicadas al mantenimiento predictivo y capacitación profesional. (O3)	**Estrategias DO** • Adiestrar al personal en el manejo del sistema SAP puesto que no solo ayuda para la catalogación sino también porque permite llevar un registro del comportamiento de los equipos en planta. (D1, D2 y O3). • Codificar y registrar los repuestos de los equipos en el sistema SAP a fin de adaptarlos las políticas internas de FertiNitro. (D2 y O2) • Mejorar la comunicación entre Mantenimiento y Operaciones y establecer un plan de mantenimiento operacional. (D3 y 02)
Amenazas • La obtención de repuestos críticos es compleja. (A1) • Dependencia de servicios externos para realizar ciertas actividades. (A2) • Cercanía con otras plantas. (A3)	**Estrategias DA** • Dotar de un mayor número de equipos y herramientas al Departamento de Mantenimiento de tal forma que se vuelva independiente en la realización de sus labores. (D7 y A2) • Fomentar la creación de un departamento que sirva para adiestrar al personal en el sistema SAP y a su vez llevar un registro de los componentes más críticos de cada equipo. (D1,D2 y A1) • Realizar más campañas informativas acerca de los peligros en planta y medidas preventivas a tomar en caso de que ocurra alguna catástrofe en las plantas adyacentes a FertiNitro. (D6 y A3)

4.6. Propuesta De Las Estrategias De Mantenimiento.

Una vez realizado el AMEF y aplicada la matriz de decisión del mantenimiento en acción a los equipos rotativos críticos junto con el análisis FODA, se procedió a la proposición de las estrategias que más se ajusten a las condiciones actuales de los activos en estudio y de la organización.

En la tabla N° 4.34 se presenta un conjunto de propuestas provenientes del análisis del AMEF y la matriz de decisión del mantenimiento en acción para aplicar a los activos rotativos críticos.

TABLA N° 4.34. PROPUESTA DE ACTIVIDADES A APLICAR EN LOS EQUIPOS ROTATIVOS CRÍTICOS.

Actividad	Condición del Equipo para realizar la actividad		Duración estimada de la Actividad (min.)	Frecuencia	Responsable de la acción
	Encen.	Apag.			
Sustituir sellos por otros de mejor calidad		X	120	-	Mtto. Proactivo
Sustituir filtros por otro de mejor calidad		X	15	-	Mtto. Proactivo
Detectar presencia de fugas del producto manejado	X		3	Diaria	Operador
Chequear niveles de electricidad	X		2	Diaria	Operador
Chequear la presión de carga y descarga del equipo	X		5	Diaria	Operador
Detectar fugas de aceite del sistema de lubricación	X		3	Diaria	Operador

	X	X			
Inspección visual de corrosión de la carcasa	X		10	Semanal	Mtto. Preventivo
Chequear nivel de aceite		X	10	Semanal	Mtto. Preventivo
Chequear filtro de succión/ cambiar si es necesario		X	10	Semanal	Mtto. Preventivo
Monitoreo por vibración	X		20	Semanal	Mtto. Preventivo
Limpieza externa de la bomba	X		15	Quincenal	Mtto. Preventivo
Lubricar rodamientos		X	30	Mensual	Mtto. Preventivo
Inspeccionar sellos mecánicos		X	60	Bimensual	Mtto. Preventivo
Inspección y medición de los rodamientos/ Reemplazar si es necesario		X	20	Sem estral	Mtto. Preventivo
Inspección balanceo del impulsor		X	120	Semestral	Mtto. Preventivo
Limpiar las líneas de las tuberías de carga y descarga	X		50	Anual	MttoPreventivo

El mantenimiento en acción recomienda la ejecución de tareas proactivas para los componentes que más originan las fallas en los equipos rotativos críticos. Las frecuencias y tiempos estimados de la duración de cada actividad son las recomendadas por el personal técnico de mantenimiento de FertiNitro.

A continuación se presentan las estrategias más significativas provenientes de la matriz FODA:

➢ Estrategias FO:

- Adaptar las políticas internas de mantenimiento de FertiNitro al personal de mantenimiento y operaciones, orientándolos a actividades específicas.

- Contactar a las distintas organizaciones dedicadas a la capacitación en el ámbito del mantenimiento preventivo a fin de obtener las distintas experiencias en plantas.

➢ Estrategias FA:

- Promover la presentación de proyectos y propuestas para lograr minimizar la dependencia de servicios externos.

- Implementar un programa de planificación para la obtención rápida de repuestos antes de que falle algún activo o repuesto critico.

➢ Estrategias DO:

- Adiestrar al personal en el manejo del sistema SAP puesto que no solo ayuda para la catalogación sino también porque permite llevar un registro del comportamiento de los equipos en planta.

- Codificar y registrar los repuestos de los equipos en el sistema SAP a fin de adaptarlos las políticas internas de FertiNitro.

➢ Estrategias DA:

- Dotar de un mayor número de equipos y herramientas al Departamento de Mantenimiento de tal forma que se vuelva independiente en la realización de sus labores.

- Fomentar la creación de un departamento que sirva para adiestrar al personal en el sistema SAP y a su vez llevar un registro de los componentes más críticos de cada equipo.

Con la implementación de las estrategias propuestas se busca mejorar el comportamiento de los equipos rotativos críticos de la ruta en estudio, disminuir sus causas de ocurrencia de fallas, los altos tiempos fuera de servicio, dar mayor capacitación al personal de mantenimiento además de operadores para que ejecuten actividades de manera proactiva y se le de mayor continuidad al proceso minimizándose los peligros en planta para quienes allí laboran y para el medio ambiente.

CONCLUSIONES.

1. Con el diagnóstico de los equipos se conoció la función de cada uno de ellos en el estudio, dentro del contexto operacional, y las condiciones en las cuales se encuentra, teniéndose que los equipos con mayor impacto sobre la producción, seguridad y medio ambiente desde que se inicio la planta son las bombas 11-P-101-A/B.

2. Utilizando la metodología de criticidad D.S. se determinó que los equipos rotativos críticos son las bombas centrifugas: 11-P-101-A/B, 11-P-102-B y 11-P-103-A/B considerando el contexto operacional de la unidad de úrea.

3. Apoyándose en el histórico del sistema SAP y en AMEF se observó que las causas de fallas más recurrentes en los equipos rotativos críticos son: Desgaste de los sellos de las bombas y obstrucción en los filtros de succión.

4. La matriz de decisión del mantenimiento en acción sugiere como estrategia primordial de mantenimiento aplicar mantenimiento proactivo a los equipos rotativos críticos a fin de sustituir sus componentes críticos por unos de mejor calidad.

5. La matriz FODA generó 12 estrategias, de las cuales las más resaltantes fueron: Adiestrar al personal en el manejo del sistema SAP e Implementar un programa de planificación para la obtención rápida de repuestos antes de que falle algún activo o repuesto critico.

6.   Con la aplicación del AMEF y la matriz FODA en apoyo al mantenimiento en acción, se diseñaron estrategias de mantenimiento para los equipos rotativos críticos de la ruta 11-A de la unidad de úrea de FertiNitro.

7.   Con la implementación de las estrategias propuestas se contribuye con el avance de la ciencia y tecnología, puesto que servirá de apoyo para la solución de problemas de mantenimiento en la planta FertiNitro y en organizaciones similares.

RECOMENDACIONES.

- Aplicar las estrategias propuestas en el presente trabajo para los equipos rotativos críticos de la unidad de úrea de FertiNitro.

- Para implantar las estrategias propuestas se recomienda el apoyo incondicional por parte de la gerencia de mantenimiento, producción, operaciones y Seguridad Industrial Ambiente e Higiene Ocupacional, a fin de garantizar el manejo de los recursos necesarios para el desarrollo de las estrategias.

- Se recomienda expandir el estudio de la unidad mediante la inclusión de los equipos rotativos que integran el resto de los sistemas de producción de úrea.

- Medir la gestión de mantenimiento propuesta con indicadores, como: disponibilidad de repuestos, confiabilidad, mantenibilidad y efectividad, que permitan evaluar el comportamiento de los activos durante un período de tiempo determinado.

BIBLIOGRAFÍA.

1. Torres, R., **"Estrategias basadas en el mantenimiento centrado en confiabilidad (MCC) para el mejoramiento del plan de mantenimiento de las bombas de doble tornillo del terminal ORIMULSIÓN® JOSE"**.Tesis de grado, Departamento de Ingeniería Mecánica, Puerto la Cruz (2007).

2. Rojas, N., **"Desarrollo de un Modelo Gerencial para la implantación de Mantenimiento en Acción, como herramienta de ayuda que permita la evaluación de la Gestión de Mantenimiento"**, trabajo de grado presentado ante la Universidad de Oriente como requisito parcial para optar por el titulo de Ingeniero Mecánico. (2008).

3. Suárez Diógenes. **"Criticidad de Equipos Utilizando la Metodología D.S."** Universidad de Oriente. Venezuela. (2005).

4. Bravo D., **"Estrategias Gerenciales para Mejorar la Disponibilidad de los Equipos Críticos de los Laboratorios de Mecánica"**, Tesis de Postgrado, Convenio UDO-UNEFA, Puerto la Cruz, Venezuela (2007)

5. Suárez, D. **"Mantenimiento Mecánico. Guía Teórico-Practico"**. Primera Edición. Departamento de Mecánica. Universidad de Oriente, Venezuela. (2001).

6. Confima & Consultores. **"Elaboración de Planes de Mantenimiento"**. Puerto la Cruz. Venezuela. (2007).

7. Bueno B. Leannys R., **"Evaluación de los Indicadores de la Gestión de Mantenimiento Asociada a un Sistema de Sopladores Centrífugos para el Diseño de Programas de Mantenimiento"**, trabajo de grado presentado ante la Universidad de Oriente como requisito parcial para optar por el titulo de Ingeniero Mecánico. (2006).

8. García C. Francisco J., **"Elaboración de un Programa de Mantenimiento Preventivo para las Unidades Turbo-Generadoras de una Planta de Electricidad"**, trabajo de grado presentado ante la Universidad de Oriente como requisito parcial para optar por el titulo de Ingeniero Mecánico. (2005).

9. Marqués J., Eduardo. **"Encuesta Estructurada"**. España. (2006).
Disponible en:
http://www.tecmarketing.net/html/doc/apuntes/051encuestaestructurada.pdf

10. Pinto C., Rocio y Tancara, Constantino. **"Técnicas de investigación Aplicadas a la Bibliotecología y Ciencias de la Información"** España. (2005).
Disponible en:
http://eprints.rclis.org/archive/00001083/01/lapaz1.pdf

11. Mataix, Claudio. **"Mecánica de los Fluidos y Máquinas Hidráulicas"**. Segunda Edición. Editorial Harla. México (1982).

12. Diccionario de la Real Academia Española. España (2008).
Disponible en:
http://buscon.rae.es/draeI

13. Rincón, Arnulfo. **"Caracterización de plantas, equipos rotativos y componentes"** Colombia (Septiembre 2005).
Disponible en:
www.ingenierosdelubricacion.com

14. FertiNitro C.E.C. **"Manual de Operaciones y Procesos en la Unidad de Urea"**. Jose, Edo. Anzoátegui. (1999).

15. Confima & Consultores. **"Mantenimiento Centrado en Confiabilidad"**. Puerto la Cruz. Venezuela. (2.007).

16. Confima & Consultores. **"Herramientas técnicas para mejorar la confiabilidad"**. Puerto la Cruz. Venezuela. (2.008).

17. Claus Wellenreuther, Hans-Werner Hector, Klaus Tschira, Dietmar Hopp y Hasso Plattner. **"Sistema SAP"** Alemania (Septiembre 1972).
Disponible en:
http://es.wikipedia.org/wiki/SAP

ANEXO A. EQUIPOS ROTATIVOS DE LA RUTA 11-A.

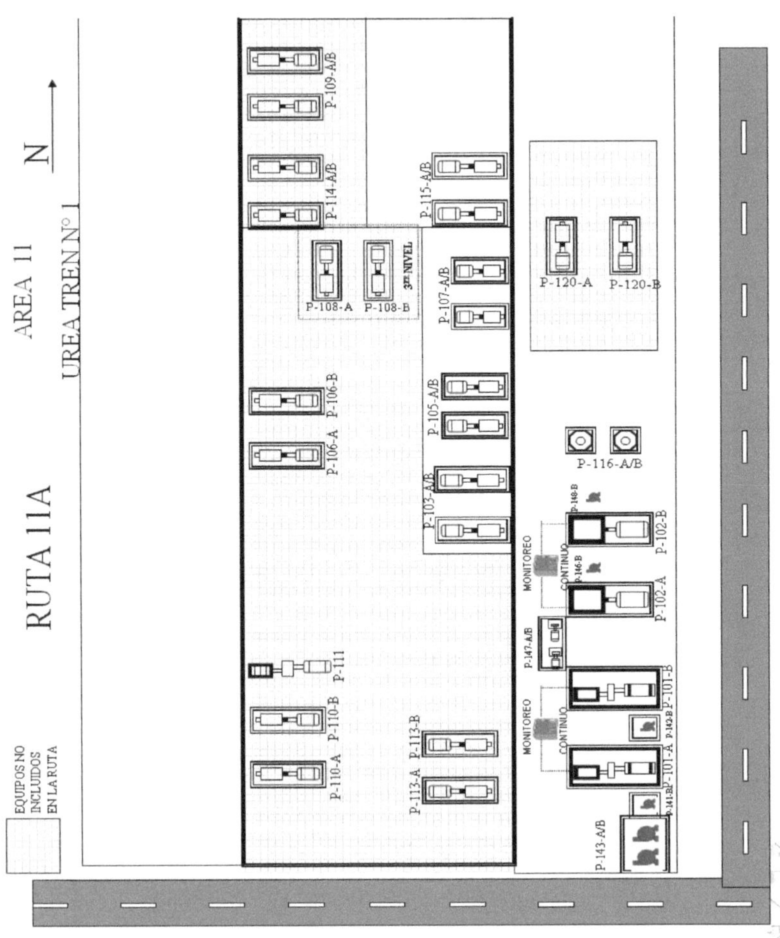

EQUIPOS ROTATIVOS DE LA RUTA 11-A.

Snamprogetti	**CUSTOMER** FERTINITRO C.E.C.	**JOB** 305100	**UNIT No.** 11/21
	PLANT LOCATION JOSE-EDO. ANZOATEGUI-VENEZUELA	**SPC No.** 11-MA-E-30550	
	PROJECT/UNIT JOSE FIRST FERTILIZER PROJECT	Sh. 1 of. 17	Rev. 0 1 2 3

DATA SHEET FOR HORIZONTAL CENTRIFUGAL PUMP

1	GENERAL DATA			2 / 2
2	ITEM 11/21-P-101A/B	No OF MAIN / STANDBY UNITS		2 / 2
3	SERVICE H.P. AMMONIA PUMP	INSTALLATION: indoor-outdoor-other	OUTDOOR	
4	OPERATION: continuous-discont.-other CONTINOUS	parallel-single-other		
5	TYPE OF DRIVER FOR MAIN UNIT ELECTRIC MOTOR	DATA SHEET No. (R2) 00-EA-E-41000 / 00-EA-E-4100		
6	TYPE OF DRIVER FOR STAND-BY UNIT ELECTRIC MOTOR	DATA SHEET No. (R2) 00-EA-E-41000 / 00-EA-E-4100		
7	ELECTRICAL SUPPLY : VOLTAGE 13200 V FREQUENCY 60 Hz PHASES No 3			
8	CHARACTERISTICS OF HANDLED LIQUID			
9	TYPE OF HANDLED LIQUID (SEE NOTE 1)		LIQUID AMMONIA	
10	OPERATING TEMPERATURE : MIN. / NORM. / MAX.	°C	10 /	36	/ 40
11	DENSITY AT TEMPERATURE: MIN. / NORM. / MAX.	kg/m³	626 /	585	/ 580
12	KINEMATIC VISCOSITY AT TEMPERATURE: MIN. / NORM. / MAX.	mm²/s	0.26 /	0.25	/ 0.24
13	VAPOUR PRESSURE AT MAX. TEMPERATURE OF OPERATION	kg/cm² a	15.86		
14	CORROSIVE / EROSIVE / HAZARDOUS AGENTS	(yes-no)	NO /	YES	/ YES
15	SUSPENDED SOLIDS : TYPE/ DIMENSIONS/ VOLUME %	mm	(SEE NOTE 5) /	(5)	/ (5)
16	OPERATIONAL DATA			
17	SUCTION PRESSURE : MIN./ NORM./ MAX.	kg/cm² a	- /	23.40	/ -
18	DISCHARGE PRESSURE AT RATED CAPACITY	kg/cm² a	230		
19	DIFFERENTIAL PRESSURE AT RATED CAPACITY	kg/cm² a	206.6		
20	CAPACITY : MIN./ NORMAL / RATED AT 36°C	m³/h	/	126	/ 140
21	HEAD AT RATED CAPACITY AT 36°C	m	3531		
22	NPSH AVAILABLE AT 40°C	m	130		
23	MAX. ALLOWABLE PRESSURE AT SHUT-OFF (SEE NOTE 5)	kg/cm² a	289.5		
24	ESTIMATED ABSORBED POWER AT THE SHAFT RATED AT 36°C	kW	1250 (EFFICIENCY=0.63)		
25	FLOW CONTROLLED BY: pressure controller - level controller - flow controller - other		30÷100% /		
26	REACCELERATION / AUTOMATIC START-UP	(yes-no)	NO / NO		
27	START-UP with open-closed discharge			
28				
29	MECHANICAL DATA			
30	SEALING TYPE		MECHANICAL DOUBLE	
31	FLUSHING FLUID: type/press./temp.		/ CONDENSATE / (O) /	
32	COOLING FLUID: type/design press./operating temp.	kg/cm² / °C	/	/
33	HEATING FLUID: type/design press./operating temp.	kg/cm² / °C	/	/
34	PUMP CASING MATERIAL (minimum prescription) (SEE NOTE 6)		13% Cr	
35	CASING CORROSION ALLOWANCE			
36	SUCTION / DISCHARGE LINE NOMINAL DIAMETER ANSI	NPS	8" / 6"	
37	SUCTION / DISCHARGE LINE RATING ANSI	NPS	300 RF / 2500 RJ	
38	NOTES			
39	1) -33°C IS POSSIBLE ONLY AT ATMOSPHERIC PRESSURE			
40	2) COPPER OR COPPER ALLOYS ARE NOT ALLOWED			
41	(O) SEE SPC. 00-MA-E-30099			
	THIS SPC. IS BASED ON PROCESS DATA SHEET N° MA-E-6301 REV.0			

3	REVISED WHERE INDICATED (R3) SH. 2÷5, 6÷14	C.FAVORINI	P.FONTANA	G.RICOTTI	16.06.99
2	REVISED WHERE INDICATED (R2) SH. 1, 3, 4, 6, 7, 8, 9, 10, 12, 14, 15 AND ADDED SH 16	C.FAVORINI	P.FONTANA	G.RICOTTI	16.11.98
1	ISSUE FOR ORDER TO EBARA CORPORATION	C.FAVORINI	P.FONTANA	G.RICOTTI	20.04.98
0	ISSUE FOR MATERIAL REQUISITION	C.FAVORINI	P.FONTANA	G.RICOTTI	20.11.97

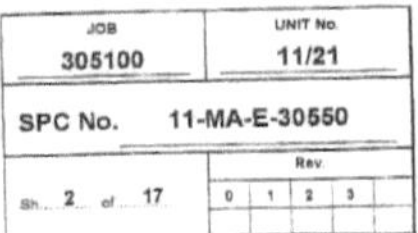

Snamprogetti

DATA SHEET FOR HORIZONTAL CENTRIFUGAL PUMP

#				REQUIRED DATA	SUPPLIER DATA
42	PURCHASE ORDER	DATE	REV 0 No. 305100 / FEV / 2		
43	OFFER	DATE	REV No.		
44	CODES AND STD FOR CONSTRUCTION	API STANDARD 610 EIGHTH EDITION		MFR	EBARA CORPORATION
45	MANUFACTURER'S MODEL				3×8 ¾ - 10 Stg HSB
46	PERFORMANCES			REQUIRED DATA	
47	CHARACTERISTIC CURVE No.				1221-D81701
48	RATED CAPACITY (line 20)		m³/h	140	140
49	CAPACITY AT BEST EFFICENCY POINT		m³/h		150
50	MINIMUM CONTINUOUS CAPACITY		m³/h		50
51	HEAD AT RATED CAPACITY (line 21)		m	3531	3531
52	MAXIMUM HEAD		m		4440
53	HEAD WITH MAXIMUM IMPELLER DIAMETER		m		4650
54					
55					7872 (R3)
56	PUMP SPEED		RPM		27
57	NPSH REQUIRED at rated capacity		m		65.5
58	EFFICENCY at rated capacity		%		1313 (1286.7 (PUMP)+26.3(GO))
59	ABSORBED POWER at rated capacity	(AT DENSITY OF kg/m³ 626)	kW		1416.3 / 1528.7
60	MAX. ABSORBED POWER WITH IMPELLER DESIGN / MAX. DIAMETER		kW	/	INCLUDED IN ABOVE / N/A
61	ABSORBED POWER BY OIL PUMP / HEATER		kW	/	103
62	DIFFERENCE : (NPSH AVAILABLE - NPSH REQUIRED)		m		< 5
63	MAX. OPERATION TIME AT SHUT-OFF		s		
64	RATIO: IMPELLER DIAMETER / IMPELLER EYE AREA				985 (R3)
65	SPECIFIC SPEED	(U.S. CUSTOMARY UNITS)			6771 (R3)
66	SUCTION SPECIFIC SPEED	(U.S. CUSTOMARY UNITS)		< 12000	0.933
67	CAPACITY RATIO: RATED / AT B.E.P.				125.7%
68	HEAD RATIO: MAX. / AT RATED CAPACITY			100÷120%	97.5%
69	IMPELLER RATIO: DESIGN DIAMETER IMPELLER / MAX. DIAMETER IMPELLER			97.5%	
70	MECHANICAL CHARACTERISTICS				200
71	MAX. ALLOWABLE TEMPERATURE		°C		316.1
72	MAX. ALLOWABLE PRESSURE AT MAX. ALLOWABLE TEMPERATURE		kg/cm²		474.2
73	HYDROSTATIC TEST PRESSURE		kg/cm²		YES
74	ALLOWABLE LOADS ON FLANGES AS PER API 610		(yes-no)	YES	OVER 10000 (WET 1ST)
75	LATERAL CRITICAL SPEED		RPM		41 INCLUDING G.B.
76	MOMENT OF INERTIA		kg m²		±0
77	AXIAL THRUST ON SHAFT (+, to driver, -, opposite to driver)		kg		326.6 (R3)
78	MAX. TORQUE AT 100% OF PUMP SPEED	(AT DENSITY 585 kg/m³)	kg m		5600 (R3) / 4000 /
79	MASSES : baseplate / pump / rotor		kg	/ /	9450 (R3) / 700
80	driver / gear		kg	/	7.725(R2) / 2 / 3.715(R3)
81	OUTLINE DIMENSIONS OF UNIT : length/width/height		m	/ /	
82	NOISE OF COMPLETE UNIT (SPL at 1 m and PWL)		dB(A)	SEE SH. 6	
83	NOTES				
84	3) TO BE CONFIRMED BY VENDOR IN ACCORDANCE UPON RELEVANT CHARACTERISTIC CURVE OF THE PUMP				
85	AND ASSUMING A DENSITY OF 626 kg/m³ AND MAXIMUM SUCTION PRESSURE OF 24.2 kg/cm² (a):				
86	316.1 kg/cm² (a)				

Snamprogetti

LUBE OIL SYSTEM (COMMON TO PUMP, GEAR AND ELECTRIC MOTOR)

SUPPLY SHALL CONSIST OF:

1 - MAIN OIL PUMP   (ITEM 11/21-P-141 A / P-142 A)
- DRIVEN BY: GEAR BOX SHAFT
- PUMP MFR. / TYPE   EBARA CORPORATION / GGP36 (R3)
- CAPACITY m³/h   7.5 (R3)
- DISCHARGE PRESSURE: kg/cm² a 5 (R3)   (OIL PRESSURE TO BE GEATER THAN WATER PRESSURE, SEE SPC. 00-MA-E-30099) (R2)
- ABSORBED POWER / INSTALLED: kW   1.81 (R3) / INCLUDING GB LOSS POWER
- CASING MATERIAL: CARBON STEEL

2 - STAND-BY OIL PUMP   (ITEM 11/21-P-141B / P-142 B)
- DRIVEN BY : ELECTRIC MOTOR
- PUMP MFR. / TYPE   EBARA CORPORATION / GEAR
- CAPACITY m³/h   6 (R3)
- DISCHARGE PRESSURE: kg/cm² a 5 (R3) (OIL PRESSURE TO BE GEATER THAN WATER PRESSURE, SEE SPC. 00-MA-E-30099) (R2)
- ABSORBED POWER / INSTALLED: kW   / 2.2
- CASING MATERIAL: CARBON STEEL

3 - LUBE OIL PUMP ELECTRIC MOTOR   (ITEM 11/21-MP-141 B / MP-142 B)
- MFR. / TYPE   TOSHIBA / IKK (R3)
- FRAME   132S (R3)
- RATED POWER kW   3.7

4 - OIL COOLER   (ITEM 11/21-E-141 / E-142)
- IN ACCORDANCE TO: TEMA C AS PER ASME VIII DIVISION 1   (WITHOUT STAMP) (R3)
- TYPE: SHELL AND TUBE (OIL IN THE SHEEL)
- TUBE AND TUBESHEEL MATERIAL: STAINLESS STEEL
- OTHER PARTS: S.S. (R3)
- HEAT EXCHANGER kcal/h: 37000 (R3)
- ACTUAL SURFACE m²   7 (R3)
- COOLING WATER FLOW m³/h :   8 (R3)
- DESIGN PRESSURE OIL / WATER SIDE kg/cm² g   10 / 7
- INLET / OUTLET TEMP. OIL / WATER SIDE °C   60 / 45   /   35 (R3) / 45

5 - OIL FILTER DUPLEX TYPE   (ITEM 11/21-S-141 A/B / S-142 A/B)
- MFR. / TYPE   MIZUNO (R3)
- CASING MATERIAL: STAINLESS STEEL
- INTERNAL MATERIAL: PAPER
- DEGREE OF FILTRATION: 10µm
- DESIGN PRESSURE: kg/cm² g   6.0

6 - OIL RESERVOIR   (ITEM 11/21-T-141 / T-142)
- MATERIAL: STAINLESS STEEL
- CAPACITY: m³ 0.4 (R3)
- RETENTION TIME: 3 minutes (R3)

Snamprogetti

SEAL WATER SYSTEM COMMON FOR BOTH PUMPS 11/21-P-101 A/B - ITEM 11/21-L-143

SUPPLY SHALL CONSIST MAINLY OF:

2 - SEAL WATER PUMPS   (ITEMS 11/21-P-143 A/B)
- DRIVEN BY: ELECTRIC MOTOR
- PUMP MFR./TYPE   NIKKISO / P-2000
- CAPACITY: m³/h   12 (R3)
- DISCHARGE PRESSURE: kg/cm² a   30 (R3) kg/cm² g

3 - SEAL WATER ELECTRIC MOTOR PUMPS   (ITEM 11/21-MP-143 A/B)
- MFR. / TYPE   TOSHIBA (R2) / TIKK (R3)
- FRAME   200 L
- RATED POWER: kW   30

4 - SEAL WATER COOLER   (ITEM 11/21-E-143)
- TYE: SHELL AND TUBE
- TUBE AND TUBESHEET MATERIAL.   A 276 304 / A 276 304
- OTHERS PARTS: A 276 304
- HEAT EXCHANGER kcal/h   48000 (R3) kcal/h
- ACTUAL SURFACE: m²   4 (R3) m²
- COOLING WATER FLOW: m³/h   13 m³/h
- DESIGN PRESSURE WATER / SEAL WATER SIDE kg/cm² g   7 / 40
- INLET / OUTLET TEM. WATER / SEAL WATER SIDE °C   35/45 50/45 (R3)

5 - SEAL WATER DISCHARGE FILTERS (TWIN)   (ITEM 11/21-S-143 A/B)

6 - PIPING MATERIAL S.S.

7 - INSTRUMENTATION
- LEVEL GAGE   YES
- PRESSURE GAGES   YES
- TEMPERATURE INDICATOR   YES
- PRESSURE TRANSMITTER   YES
- ORIFICES   YES

JOB
305100
UNIT No.
11 / 21
SPC No.   11-MA-E-30550
Rev.
Sh. 17 of 17
0 1 2 3

CARATERISTIC CURVE

ITEM No.   : 11/21-P-101A/B
DOC No. : 1221-D8/2701
Rev 1
CUSTOMER   :
SERVICE: H.P. AMMONIA FEED PUMP
EBARA SER No. :
MODEL : 3X8 3/4-10stg HSB
SPECIFIED ITEMS : 140 m3/h x 3531 m x 7850 rpm x 1450 kw (MOTOR RATING) / 1286.7 kW (SHAFT POWER)
(LIQUID HANDLED= LIQUID AMMONIA   γ = 0.6250   kg/l : TEMP. 36.00   ℃ : VIS. 0.25 cSt

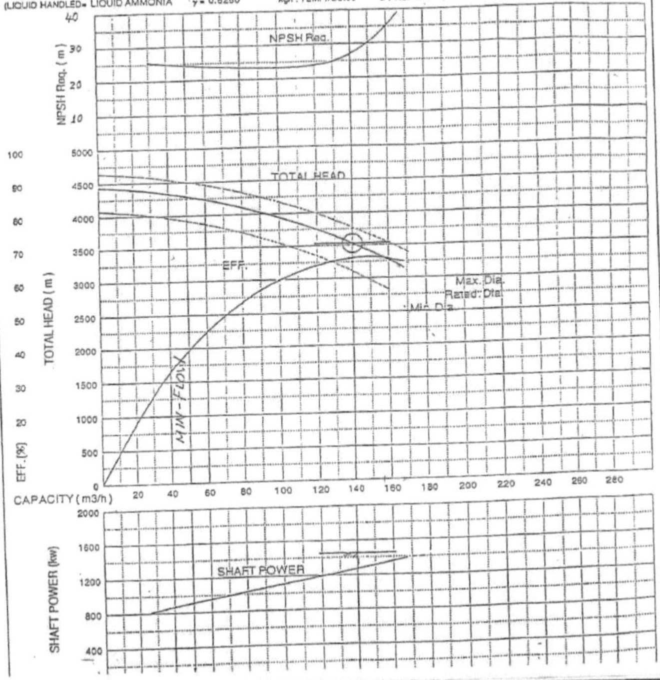

NPSH Req. (m)
NPSH Req.
TOTAL HEAD
EFF.
Max. Dia.
Rated: Dia.
Min. Dia.
MIN-FLOW
TOTAL HEAD (m)
EFF. (%)
CAPACITY (m3/h)
20 40 60 80 100 120 140 160 180 200 220 240 260 280
SHAFT POWER (kw)
SHAFT POWER

Snamprogetti	CUSTOMER **FERTINITRO C.E.C.**		JOB **305100**	UNIT No. **11/21**
	PLANT LOCATION **JOSE-EDO. ANZOATEGUI-VENEZUELA**		SPC No. **11-MA-E-30560**	
				Rev.
	PROJECT/UNIT **JOSE FIRST FERTILIZER PROJECT**		Sh. 1 of 16	0 1 2

DATA SHEET FOR HORIZONTAL CENTRIFUGAL PUMP

GENERAL DATA

1		No OF MAIN / STANDBY UNITS		2 / 2
2	ITEM 11/21-P-102A/B	INSTALLATION: indoor-outdoor-other	OUTDOOR	
3	SERVICE H.P. CARBONATE PUMP	parallel-single-other		
4	OPERATION continuous-discont -other CONTINUOUS			
5	TYPE OF DRIVER FOR MAIN UNIT ELECTRIC MOTOR	DATA SHEET No.		
6	TYPE OF DRIVER FOR STAND-BY UNIT ELECTRIC MOTOR	DATA SHEET No		
7	ELECTRICAL SUPPLY : VOLTAGE 4000 V	FREQUENCY 60 Hz PHASES No 3		

CHARACTERISTICS OF HANDLED LIQUID

8				CARBONATE SOLUTION	
9	TYPE OF HANDLED LIQUID		°C	75 /	79 / 90
10	OPERATING TEMPERATURE : MIN. / NORM. / MAX.		kg/m³	900 /	920 / 950
11	DENSITY AT TEMPERATURE: MIN / NORM / MAX		mm²/s	/	< 3.33 /
12	KINEMATIC VISCOSITY AT TEMPERATURE. MIN. / NORM. / MAX.		kg/cm² a	17.57	
13	VAPOUR PRESSURE AT MAX. TEMPERATURE OF OPERATION		(yes-no)	YES /	NOT / YES
14	CORROSIVE / EROSIVE / HAZARDOUS AGENTS		mm	/	/
15	SUSPENDED SOLIDS : TYPE/ DIMENSIONS/ VOLUME %				

OPERATIONAL DATA

16			kg/cm² a	/	18.70 /
17	SUCTION PRESSURE MIN./ NORM./ MAX.	(SEE NOTE 2)	kg/cm² a	158.50	
18	DISCHARGE PRESSURE AT RATED CAPACITY		kg/cm²	139.80	
19	DIFFERENTIAL PRESSURE AT RATED CAPACITY		m³/h	/	81.2 / 90
20	CAPACITY : MIN./ NORMAL / RATED		m	1520	
21	HEAD AT RATED CAPACITY		m	10	
22	NPSH AVAILABLE		kg/cm² a	192	
23	MAX. ALLOWABLE PRESSURE AT SHUT-OFF	(SEE NOTE 4)	kW	596 (EFFICIENCY=0.575)	
24	ESTIMATED ABSORBED POWER AT THE SHAFT	(SEE NOTE 6)		30+100% /	
25	FLOW CONTROLLED BY: pressure controller - level controller - flow controller - other (SEE NOTE 5)		(yes-no)	NO / NO	
26	REACCELERATION / AUTOMATIC START-UP				
27	START-UP with open-closed discharge				

MECHANICAL DATA

28					
29				MECHANICAL	
30	SEALING TYPE		kg/cm² / °C	(3) (8) /	/
31	FLUSHING FLUID type/press./temp.		kg/cm² / °C	/	/
32	COOLING FLUID type/design press./operating temp.		kg/cm² / °C	/	/
33	HEATING FLUID type/design press./operating temp.				
34	PUMP CASING MATERIAL (minimum prescription)		mm	3.2	
35	CASING CORROSION ALLOWANCE		NPS	3" / 3"	
36	SUCTION / DISCHARGE LINE NOMINAL DIAMETER	ANSI (10)	NPS	800 RF / 2500 LENS	
37	SUCTION / DISCHARGE LINE RATING	ANSI (10)			

NOTES

38		
39	1)	COPPER OR COPPER ALLOYS ARE NOT ALLOWED.
40	2)	THE PUMP MECHANICAL SEAL SHALL BE DESIGNED ON CONSIDERING 11/21-P-102 A/B MAXIMUM SUCTION
41		PRESSURE OF 28 kg/cm² (a) AND TEMPERATURE OF 120 °C 3) CONDENSATE, SEE SPC.00-MA-E-30099.

THIS SPC. IS BASED ON PROCESS DATA SHEET MA-E-6302 REV.0

			C.FAVORINI	P.FONTANA	G.RICOTTI	17.06.99
2	REVISED WHERE INDICATED (R2) SH. 1 TO 14, 10		C.FAVORINI	P.FONTANA	G.RICOTTI	20.04.98
1	ISSUE FOR ORDER TO SUNDSTRAND FLUID HANDLING		C.FAVORINI	P.FONTANA	G.RICOTTI	20.11.97

Snamprogetti

LUBE OIL SYSTEM (COMMON TO PUMP AND GEAR)

SUPPLY SHALL CONSIST MAINLY OF:

1 - MAIN OIL PUMP   (ITEM 11/21-P-146A / P-148A)
- DRIVEN BY: PUMP SHAFT
- PUMP MFR. / TYPE   IMO / SCREW (R2)
- CAPACITY m³/h   6.8 (R2)
- DISCHARGE PRESSURE: kg/cm² a   3.86 (R2)
- ABSORBED POWER / INSTALLED: kW
- CASING MATERIAL:

2 - STAND-BY OIL PUMP   (ITEM 11/21-146B / P-148B)
- DRIVEN BY : ELECTRIC MOTOR
- PUMP MFR. / TYPE   IMO/SCREW (R2)
- CAPACITY m³/h   6.8 (R2)
- DISCHARGE PRESSURE: kg/cm² a   3.86 (R2)
- ABSORBED POWER / INSTALLED: kW   / 4 (R2)
- CASING MATERIAL: CAST IRON (SUBMERGED-PERAPI) (R2)

3 - LUBE OIL PUMP ELECTRIC MOTOR   (ITEM 11/21-MP-146 B / MP-148 B)
- MFR. / TYPE SIMENS / 1 LA5 (R2)
- FRAME 112M (R2)
- RATED POWER kW 4 (R2)

4 - OIL COOLER   (ITEM 11/21-E-146 / E-148)
- IN ACCORDANCE TO: TEMA C
- TYPE: SHELL AND TUBE (OIL IN THE SHEEL)
- TUBE AND TUBESHEEL MATERIAL: 316L S.S. / C.S. (R2)
- OTHER PARTS:
- HEAT EXCHANGER kcal/h: 45581 (R2)
- ACTUAL SURFACE m²: 4.46 (R2)
- COOLING WATER FLOW m³/h :   16
- DESIGN PRESSURE OIL / WATER SIDE kg/cm² g   10.53 / 10.53 (R2)
- INLET / OUTLET TEMP. OIL / WATER SIDE °C   77 / 60 / 30 / 38 (R2)

5 - OIL FILTER DUPLEX TYPE   (ITEM 11/21-S-146 A/B / S-148 A/B)
- MFR. / TYPE   HILCO / DUPLEX (R2)
- CASING MATERIAL: C.S. (R2)
- INTERNAL MATERIAL: 304 S.S. (R2)
- DEGREE OF FILTRATION: 10µm
- DESIGN PRESSURE: kg/cm² g   10.5 (R2)

6 - OIL RESERVOIR   (ITEM 11/21-T-146 / T-148)
- MATERIAL: STEEL (R2)
- CAPACITY: m³ 0.3 (R2)
- RETENTION TIME: s   160 (R2)

7 - PIPING: S.S.

- VALVES BODY / INTERNALS AND TRIM : C.S. / S.S.

SEAL FLUSHING SYSTEM

SUPPLY SHALL CONSIST MAINLY OF:

1 - MAIN SEAL FLUSHING PUMP (ITEM 11/21-P-147 A/B / P-149 A/B)

- DRIVEN BY: ELECTRIC MOTOR   SIEMENS (R2)

- PUMP MFR. / TYPE

- CAPACITY: m^3/h 1.14 (R2)

- DISCHARGE PRESSURE kg/cm^2 a   92 (R2)

- ABSORBED POWER / INSTALLED kW: / 5.5 (R2)

- CASING MATERIAL: CAST. S.S. (R2)

- PUMP MODEL / PUMP SPEED   MO 610 / 252 (R2)

2 - FLUSHING PUMPS ELECTRIC-MOTORS (ITEM 11/21-MP-147 A/B / MP-149 A/B)

- MFR. /TYPE   SIEMENS / 1 LA5 (R2)

- FRAME   132S (R2)

- RATED POWER kW: 5.5 (R2)

3 - CONDENSATE DUAL FILTER (ITEM 11/21-S-147A/B / S-149A/B)

- MFR. /TYPE   HILLIARD / DUPLEX (R2)

- CASING MATERIAL: 316 S.S. (R2)

- INTERNAL MATERIAL: 316 S.S. (R2)

- DEGREE OF FILTRATION: 10 µ

- DESIGN PRESSURE: kg/cm^2 g   31 (R2)

- TEMPERATURE LIMIT: 120° C (R2)

4 - PIPING MATERIAL: AISI 316

THERMOCOUPLES

SUPPLY INCLUDES:

- TWO THERMOCOUPLE ON SHAFT RADIAL BEARING (METAL) DOUBLE TYPE K

- ONE THERMOCOUPLE ON THRUST BEARING (ON ONE PA) DOUBLE TYPE K

- ONE THERMOCOUPLE AFTER OIL COOLER DOUBLE TYPE

GENERAL

- ALL PIPING AND EQUIPMENT (FOR LUBE OIL AND SEAL FLUSHING) SHALL BE ASSEMBLED WITH OIL CONSOLE

- ALL ELECTRICAL CONNECTIONS SHALL TERMINATE TO LOCAL JUNCTION BOXES

EXTENTION OF SUPPLY FOR VIBRATION MONITORING SYSTEM

BENTLY NEVADA INC. ELECTRONIC VIBRATION AND AXIAL DISPLACEMENT MONITORING SYSTEM, SERIE 3300.

SUPPLY SHALL INCLUDE:

LOCAL INSTRUMENTATION

N° 2 VIBRATION PROBES FOR EACH H.S. SHAFT COMPLETE WITH EXTENTION CABLES AND PROXIMITORS LOCATED IN JUNCTION

BOX AT PUMP BASEPLATE.

PROBES SHALL BE SUITABLE FOR AMMONIA SERVICE.

LUBE OIL SYSTEM (COMMON TO PUMP AND GEAR)

SUPPLY SHALL CONSIST MAINLY OF:

1 - MAIN OIL PUMP   (ITEM 11/21-P-146A / P-148A)
- DRIVEN BY: PUMP SHAFT
- PUMP MFR. / TYPE   IMO / SCREW (R2)
- CAPACITY m^3/h 6.8 (R2)
- DISCHARGE PRESSURE: kg/cm^2 a   3.86 (R2)
- ABSORBED POWER / INSTALLED: kW
- CASING MATERIAL:

2 - STAND-BY OIL PUMP   (ITEM 11/21-146B / P-148B)
- DRIVEN BY : ELECTRIC MOTOR
- PUMP MFR. / TYPE   IMO/SCREW (R2)
- CAPACITY m^3/h 6.8 (R2)
- DISCHARGE PRESSURE: kg/cm^2 a   3.86 (R2)
- ABSORBED POWER / INSTALLED: kW   / 4 (R2)
- CASING MATERIAL: CAST IRON (SUBMERGED-PERAPI) (R2)

3 - LUBE OIL PUMP ELECTRIC MOTOR   (ITEM 11/21-MP-146 B / MP-148 B)
- MFR. / TYPE   SIEMENS / 1 LA5 (R2)
- FRAME 112M (R2)
- RATED POWER kW   4 (R2)

4 - OIL COOLER   (ITEM 11/21-E-146 / E-148)
- IN ACCORDANCE TO: TEMA C
- TYPE: SHELL AND TUBE (OIL IN THE SHEEL)
- TUBE AND TUBESHEEL MATERIAL: 316L S.S. / C.S. (R2)
- OTHER PARTS:
- HEAT EXCHANGER kcal/h: 46561 (R2)
- ACTUAL SURFACE m^2:   4.46 (R2)
- COOLING WATER FLOW m^3/h :   16
- DESIGN PRESSURE OIL / WATER SIDE kg/cm^2 g   10.53 / 10.53 (R2)
- INLET / OUTLET TEMP. OIL / WATER SIDE °C   77 / 60 / 30 / 38 (R2)

5 - OIL FILTER DUPLEX TYPE   (ITEM 11/21-S-146 A/B / S-148 A/B)
- MFR. / TYPE   HILCO / DUPLEX (R2)
- CASING MATERIAL: C.S. (R2)
- INTERNAL MATERIAL: 304 S.S. (R2)
- DEGREE OF FILTRATION: 10µm
- DESIGN PRESSURE: kg/cm^2 g   10.5 (R2)

6 - OIL RESERVOIR   (ITEM 11/21-T-146 / T-148)
- MATERIAL: STEEL (R2)
- CAPACITY: m^3 0.3 (R2)
- RETENTION TIME: s   160 (R2)

<table>
<tr><td rowspan="3">Snamprogetti</td><td>CUSTOMER
FERTINITRO C.E.C.</td><td>JOB
305100</td><td>UNIT No.
11 / 21</td></tr>
<tr><td>PLANT LOCATION
JOSE - EDO. ANZOATEGUI - VENEZUELA</td><td colspan="2">SPC No.   11-MA-E-30600</td></tr>
<tr><td>PROJECT/UNIT
JOSE FIRST FERTILIZER PROJECT</td><td>Sh. 1 of 7</td><td>Rev
0   1   2</td></tr>
</table>

DATA SHEET FOR HORIZONTAL CENTRIFUGAL PUMP

1		GENERAL DATA		
2	ITEM 11/21-P-103A/B	No OF MAIN / STANDBY UNITS		2 / 2
3	SERVICE M.P. CARBONATE SOLUTION PUMP	INSTALLATION: indoor-outdoor-other	OUTDOOR	
4	OPERATION continuous-discont.-other CONTINUOUS	parallel-single-other		
5	TYPE OF DRIVER FOR MAIN UNIT ELECTRIC MOTOR	DATA SHEET No.		
6	TYPE OF DRIVER FOR STAND-BY UNIT ELECTRIC MOTOR	DATA SHEET No.		
7	ELECTRICAL SUPPLY VOLTAGE V 460	FREQUENCY Hz 50	PHASES No. 3	
8		CHARACTERISTICS OF HANDLED LIQUID		
9	TYPE OF HANDLED LIQUID		CARBONATE SOLUTION	
10	OPERATING TEMPERATURE : MIN. / NORM. / MAX.	°C	30 / 43	/ (NOTE 4)
11	DENSITY AT TEMPERATURE: MIN. / NORM. / MAX.	kg/m^3	980 / 900	/ -
12	KINEMATIC VISCOSITY AT TEMPERATURE: MIN. / NORM. / MAX.	cSt	2.7 / 1.5	/ -
13	VAPOUR PRESSURE AT MAX. TEMPERATURE OF OPERATION	kg/cm^2 (a)	4.25	
14	CORROSIVE / EROSIVE / HAZARDOUS AGENTS	(yes-no)	YES / NO	/ YES
15	SUSPENDED SOLIDS : TYPE/ DIMENSIONS/ VOLUME %	mm	/	/
16		OPERATIONAL DATA		
17	SUCTION PRESSURE : MIN./ NORM./ MAX.	kg/cm^2 (a)	- / 4.6	/ 7
18	DISCHARGE PRESSURE AT RATED CAPACITY	kg/cm^2 (a)	26	
19	DIFFERENTIAL PRESSURE AT RATED CAPACITY	kg/cm^2	21.4	
20	CAPACITY : MIN./ NORMAL / RATED	m^3/h	12 (R2) / 30.3	/ 46
21	HEAD AT RATED CAPACITY	m	238	
22	NPSH AVAILABLE	m	3	
23	MAX. ALLOWABLE PRESSURE AT SHUT-OFF	kg/cm^2 (a)	34.5	
24	ESTIMATED ABSORBED POWER AT THE SHAFT (RATED)	kW	67 (EFFICIENCY = 0.4) (NOTE 6)	
25	FLOW CONTROLLED BY: pressure controller - level controller - flow controller - other range % / type		20 ÷ 100 / LEVEL C. V.	
26	REACCELERATION / AUTOMATIC START-UP	(yes-no)	NO / NO	
27	START-UP with open-closed discharge			
28				
29		MECHANICAL DATA		
30	SEALING TYPE		MECHANICAL	
31	FLUSHING FLUID: type/press./temp.	kg/cm^2 / °C	(NOTE 3) /	/
32	COOLING FLUID: type/design press./operating temp.	kg/cm^2 / °C	/	/
33	HEATING FLUID: type/design press./operating temp.	kg/cm^2 / °C	/	/
34	PUMP CASING MATERIAL (minimum prescription)		AISI 316	
35	CASING CORROSION ALLOWANCE	mm		
36	SUCTION / DISCHARGE LINE NOMINAL DIAMETER	inches	6" / 3"	
37	SUCTION / DISCHARGE LINE RATING	ANSI	300# RF / 300# RF	
38		NOTES		
39	1) THE SUPPLY SHALL BE IN ACCORDANCE WITH SPC. N. MA-E-30060 REV.2. (R2)			
40	2) COPPER OR COPPER ALLOYS ARE NOT ALLOWED.			
41	3) PROCESS FLUID FROM DISCHARGE.			

THIS SPECIFICATION IS BASED ON PROCESS DATA SHEET N. MA-E-6303 REV.1 (R2)

2	REVISED WHERE INDICATED (R2) SH. 1, 2, 3, 4, 6	C.FAVERINI	P.FONTANA		
1	ISSUE FOR ORDER TO POMPE GABBIONETA	C. FAVORINI	P. FONTANA		

Snamprogetti

CUSTOMER	JOB	UNIT No.
FERTINITRO C.E.C.	305100	11 / 21
PLANT LOCATION	SPC No.	11-MA-E-30601
JOSE - EDO. ANZOATEGUI - VENEZUELA		
PROJECT/UNIT	Sh. 1 of 8	Rev. 0 1 2
JOSE FIRST FERTILIZER PROJECT		

DATA SHEET FOR HORIZONTAL CENTRIFUGAL PUMP

1	GENERAL DATA		
2	ITEM 11/21-P-105A/B	No OF MAIN / STANDBY UNITS	2 / 2
3	SERVICE AMMONIA BOOSTER PUMP	INSTALLATION: indoor-outdoor-other	OUTDOOR
4	OPERATION: continuous-discont.-other CONTINUOUS	parallel-single-other	
5	TYPE OF DRIVER FOR MAIN UNIT ELECTRIC MOTOR	DATA SHEET No.	
6	TYPE OF DRIVER FOR STAND-BY UNIT ELECTRIC MOTOR	DATA SHEET No.	
7	ELECTRICAL SUPPLY: VOLTAGE V 460	FREQUENCY Hz 60 PHASES No. 3	
8	CHARACTERISTICS OF HANDLED LIQUID		
9	TYPE OF HANDLED LIQUID		LIQUID AMMONIA
10	OPERATING TEMPERATURE : MIN. / NORM. / MAX. (NOTE 4)	°C	10 / 36 / 40 (NOTE 7)
11	DENSITY AT TEMPERATURE: MIN. / NORM. / MAX.	kg/m^3	626 / 585 / 580
12	KINEMATIC VISCOSITY AT TEMPERATURE: MIN. / NORM. / MAX.	cSt	0.26 / 0.25 / 0.24
13	VAPOUR PRESSURE AT MAX. TEMPERATURE OF OPERATION	kg/cm^2 (a)	14.17
14	CORROSIVE / EROSIVE / HAZARDOUS AGENTS	(yes-no)	NO / YES / YES
15	SUSPENDED SOLIDS : TYPE/ DIMENSIONS/ VOLUME %	mm	(NOTE 2) / (NOTE 2) / (NOTE 2)
16	OPERATIONAL DATA		
17	SUCTION PRESSURE : MIN / NORM / MAX.	kg/cm^2 (a)	- / 17.72 / 23.79
18	DISCHARGE PRESSURE AT RATED CAPACITY	kg/cm^2 (a)	23.73
19	DIFFERENTIAL PRESSURE AT RATED CAPACITY	kg/cm^2	6.01
20	CAPACITY : MIN / NORMAL / RATED	m^3/h	(NOTE 8) / 139 / 257
21	HEAD AT RATED CAPACITY	m	103
22	NPSH AVAILABLE	m	7 (NOTE 3)
23	MAX. ALLOWABLE PRESSURE AT SHUT-OFF	kg/cm^2 (a)	31
24	ESTIMATED ABSORBED POWER AT THE SHAFT (RATED)	kW	55.5 (EFFICIENCY = 0.76)
25	FLOW CONTROLLED BY: pressure controller - level controller - flow controller - other range % / type		30 ÷ 100 / FLOW C.V. (NOTE 6)
26	REACCELERATION / AUTOMATIC START-UP	(yes-no)	YES / NO
27	START-UP with open-closed discharge		
28			
29	MECHANICAL DATA		
30	SEALING TYPE		MECHANICAL
31	FLUSHING FLUID: type/press./temp.	kg/cm^2 / °C	(NOTE 5) / /
32	COOLING FLUID: type/design press./operating temp.	kg/cm^2 / °C	/ /
33	HEATING FLUID: type/design press./operating temp.	kg/cm^2 / °C	/ /
34	PUMP CASING MATERIAL (minimum prescription)		STAINLESS STEEL
35	CASING CORROSION ALLOWANCE	mm	
36	SUCTION / DISCHARGE LINE NOMINAL DIAMETER	inches	10" / 8"
37	SUCTION / DISCHARGE LINE RATING	ANSI	300# RF / 300# RF
38	NOTES		
39	1) THE SUPPLY SHALL BE IN ACCORDANCE WITH SPC. N. MA-E-30060 REV.2. (R2)		
40	2) COMPOSITION: IRON DUST FROM NH3 SYNTHESIS CATALYST, CARBONATE CARRY OVER AND MILL		
41	SCALE FROM PIPING. VENDOR SHALL INFORM ABOUT THE MAX. ADMISSIBLE ABOUT PARTICLE SIZE. (R2)		

THIS SPECIFICATION IS BASED ON PROCESS DATA SHEET N. MA-E-6305 REV.0

| 2 | REVISED WHERE INDICATED (R2 SH. 1 3 4 6) | C. FAVORINI | P. PONTANA | | |
| 1 | ISSUE FOR ORDER TO PUMPS BASE OFFER | C. FAVORINI | P. PONTANA | | |

Snamprogetti

CUSTOMER	FERTINITRO C.E.C.	JOB 305100	UNIT No. 11 / 21
PLANT LOCATION JOSE - EDO. ANZOATEGUI - VENEZUELA		SPC No. 11-MA-E-30603	
PROJECT/UNIT JOSE FIRST FERTILIZER PROJECT		Sh. 1 of 8	Rev. 0 1 2

DATA SHEET FOR HORIZONTAL CENTRIFUGAL PUMP

GENERAL DATA

1		No OF MAIN / STANDBY UNITS	2 / 2
2	ITEM 11/21-P-107A/B	INSTALLATION: indoor-outdoor-other	OUTDOOR
3	SERVICE AMMONIA SOLUTION PUMP		
4	OPERATION: continuous-discont.-other CONTINUOUS	parallel-single-other	
5	TYPE OF DRIVER FOR MAIN UNIT ELECTRIC MOTOR	DATA SHEET No.	
6	TYPE OF DRIVER FOR STAND-BY UNIT ELECTRIC MOTOR	DATA SHEET No.	
7	ELECTRICAL SUPPLY : VOLTAGE V 460	FREQUENCY Hz 60	PHASES No. 3

CHARACTERISTICS OF HANDLED LIQUID

			AMMONIA SOLUTION
9	TYPE OF HANDLED LIQUID		
10	OPERATING TEMPERATURE : MIN. / NORM. / MAX. (NOTE 6)	°C	40 / 50 / 80
11	DENSITY AT TEMPERATURE: MIN. / NORM. / MAX.	kg/m³	800 / 770 / 760
12	KINEMATIC VISCOSITY AT TEMPERATURE: MIN. / NORM. / MAX.	cSt	- / 0.7 / -
13	VAPOUR PRESSURE AT MAX. TEMPERATURE OF OPERATION	kg/cm² (a)	9.5
14	CORROSIVE / EROSIVE / HAZARDOUS AGENTS	(yes-no)	NO / NO / YES
15	SUSPENDED SOLIDS : TYPE/ DIMENSIONS/ VOLUME %	mm	/

OPERATIONAL DATA

17	SUCTION PRESSURE : MIN./ NORM./ MAX.	kg/cm² (a)	- / 17.2 / 23.5
18	DISCHARGE PRESSURE AT RATED CAPACITY	kg/cm² (a)	22.2
19	DIFFERENTIAL PRESSURE AT RATED CAPACITY	kg/cm²	5
20	CAPACITY : MIN./ NORMAL / RATED	m³/h	3.5 (R2) / 2.69 / 14
21	HEAD AT RATED CAPACITY	m	61
22	NPSH AVAILABLE	m	7.6 (NOTE 4)
23	MAX. ALLOWABLE PRESSURE AT SHUT-OFF	kg/cm² (a)	29.5
24	ESTIMATED ABSORBED POWER AT THE SHAFT (RATED)	kW	5.8 (EFFICIENCY = 0.33)
25	FLOW CONTROLLED BY: pressure controller - level controller - flow controller range % / type		20 + 100 / LEVEL C.V.
26	REACCELERATION / AUTOMATIC START-UP	(yes-no)	NO / NO
27	START-UP with open-closed discharge		

MECHANICAL DATA

			MECHANICAL
30	SEALING TYPE		
31	FLUSHING FLUID: type/press./temp.	kg/cm² / °C	(NOTE 3) / /
32	COOLING FLUID: type/design press./operating temp.	kg/cm² / °C	/ /
33	HEATING FLUID: type/design press./operating temp.	kg/cm² / °C	/ /
34	PUMP CASING MATERIAL (minimum prescription)		K.C.S.
35	CASING CORROSION ALLOWANCE	mm	3.2
36	SUCTION / DISCHARGE LINE NOMINAL DIAMETER	inches	3" / 2"
37	SUCTION / DISCHARGE LINE RATING	ANSI	300# RF / 300# RF

NOTES

39	1)	THE SUPPLY SHALL BE IN ACCORDANCE WITH SPC. N. MA-E-30060 REV.2. (R2)
40	2)	COPPER OR COPPER ALLOYS ARE NOT ALLOWED.
41	3)	PROCESS FLUID FROM DISCHARGE.

THIS SPECIFICATION IS BASED ON PROCESS DATA SHEET N. MA-E-6307 REV. 0

		C.FAVORINI	P. FONTANA	G. RICOTTI	13.04.96
2	REVISED WHERE INDICATED (R2) SH. 1, 3, 4, 6, 7	C. FAVORINI	P. FONTANA	G. RICOTTI	08.05.98
1	ISSUE FOR ORDER TO POMPE GABBIONETA	C.FAVORINI	P.FONTANA	G.RICOTTI	05.01.98
0	ISSUE FOR MATERIAL REQUISITION				

Snamprogetti	PLANT LOCATION: JOSE - EDO. ANZOATEGUI - VENEZUELA	SPC No. 11-MA-E-30609
	PROJECT/UNIT: JOSE FIRST FERTILIZER PROJECT	Sh. 1 of 7 — Rev. 0 1 2

DATA SHEET FOR HORIZONTAL CENTRIFUGAL PUMP

#					
1	GENERAL DATA				
2	ITEM 11/21-P-115A/B	No OF MAIN / STANDBY UNITS			2 / 2
3	SERVICE HYDROLIZER FEED PUMP	INSTALLATION: indoor-outdoor-other	OUTDOOR		
4	OPERATION: continuous-discont.-other CONTINUOUS	parallel-single-other			
5	TYPE OF DRIVER FOR MAIN UNIT ELECTRIC MOTOR	DATA SHEET No.			
6	TYPE OF DRIVER FOR STAND-BY UNIT ELECTRIC MOTOR	DATA SHEET No.			
7	ELECTRICAL SUPPLY: VOLTAGE V 4000	FREQUENCY Hz 60	PHASES No. 3		
8	CHARACTERISTICS OF HANDLED LIQUID				
9	TYPE OF HANDLED LIQUID		UREA & CARBONATE DILUTE SOLUTION		
10	OPERATING TEMPERATURE: MIN. / NORM. / MAX.	°C	120 /	145	/ -
11	DENSITY AT TEMPERATURE: MIN. / NORM. / MAX.	kg/m³	943 /	920	/ -
12	KINEMATIC VISCOSITY AT TEMPERATURE: MIN. / NORM. / MAX.	cSt	0.27 /	0.25	/ -
13	VAPOUR PRESSURE AT MAX. TEMPERATURE OF OPERATION	kg/cm² (a)		4.3	
14	CORROSIVE / EROSIVE / HAZARDOUS AGENTS	(yes-no)	YES /	NO	/ YES
15	SUSPENDED SOLIDS: TYPE/ DIMENSIONS/ VOLUME %	mm		/	/
16	OPERATIONAL DATA				
17	SUCTION PRESSURE: MIN / NORM / MAX.	kg/cm² (a)	- /	6.2	/ 9.04
18	DISCHARGE PRESSURE AT RATED CAPACITY	kg/cm² (a)		39.5	
19	DIFFERENTIAL PRESSURE AT RATED CAPACITY	kg/cm²		33.3	
20	CAPACITY: MIN./ NORMAL / RATED	m³/h	/	49.6	/ 65
21	HEAD AT RATED CAPACITY	m		362	
22	NPSH AVAILABLE	m		4	
23	MAX. ALLOWABLE PRESSURE AT SHUT-OFF	kg/cm² (a)		49	
24	ESTIMATED ABSORBED POWER AT THE SHAFT (RATED)	kW	134 (EFFICIENCY = 0.44)		
25	FLOW CONTROLLED BY: pressure controller - level controller - flow controller - other range % / type		10 ÷ 100 / LEVEL C.V. (NOTE 5)		
26	REACCELERATION / AUTOMATIC START-UP	(yes-no)	NO / NO		
27	START-UP with open-closed discharge				
28					
29	MECHANICAL DATA				
30	SEALING TYPE		MECHANICAL		
31	FLUSHING FLUID: type/press./temp.	kg/cm² / °C	(NOTE 3) /		/
32	COOLING FLUID: type/design press./operating temp. (SEE SPC. N. MA-E-30099)		/COOLING WATER /		/
33	HEATING FLUID: type/design press./operating temp.	kg/cm² / °C	/		/
34	PUMP CASING MATERIAL (minimum prescription)		AISI 316		
35	CASING CORROSION ALLOWANCE	mm			
36	SUCTION / DISCHARGE LINE NOMINAL DIAMETER	inches	6" / 4"		
37	SUCTION / DISCHARGE LINE RATING	ANSI	150# RF / 600# RF		
38	NOTES				
39	.1) THE SUPPLY SHALL BE IN ACCORDANCE WITH SPC. N. MA-E-30060 REV.2. (R2)				
40	2) COPPER OR COPPER ALLOYS ARE NOT ALLOWED.				
41	3) PROCESS FLUID FROM DISCHARGE.				

THIS SPECIFICATION IS BASED ON PROCESS DATA SHEET N. MA-E-6315 REV.1 (R2)

Rev.	Description	Prepared	Checked	Approved	Date
2	REVISED WHERE INDICATED (R2) SH. 1, 3, 4, 6	C.FAVORINI	P.FONTANA	G.RICOTTI	13.04.99
1	ISSUE FOR ORDER TO POMPE GABBIONETA	C. FAVORINI	P. FONTANA	G. RICOTTI	06.05.98
0	ISSUE FOR MATERIAL REQUISITION	C.FAVORINI	P.FONTANA	G.RICOTTI	05.01.98

Snamprogetti	CUSTOMER: FERTINITRO C.E.C.	JOB 305100	UNIT No. 11 / 21
	PLANT LOCATION: JOSE - EDO. ANZOATEGUI - VENEZUELA	SPC No. 11-MA-E-30610	Rev.
	PROJECT/UNIT: JOSE FIRST FERTILIZER PROJECT	Sh 1 of 7	0 1 2

DATA SHEET FOR VERTICAL CENTRIFUGAL PUMP

#			
1	GENERAL DATA		
2	ITEM 11/21-P-116A/B	No OF MAIN / STANDBY UNITS	2 / 2
3	SERVICE CLOSE DRAIN RECOVERY PUMP	INSTALLATION: indoor-outdoor-other	OUTDOOR
4	OPERATION: continuous-discont.-other DISCONTINUOUS	parallel-single-other	
5	TYPE OF DRIVER FOR MAIN UNIT ELECTRIC MOTOR	DATA SHEET No.	
6	TYPE OF DRIVER FOR STANDBY UNIT ELECTRIC MOTOR	DATA SHEET No.	
7	ELECTRICAL SUPPLY: VOLTAGE V 460	FREQUENCY Hz 60	PHASES No. 3
8	CHARACTERISTICS OF HANDLED LIQUID		(NOTE 3)
9	TYPE OF HANDLED LIQUID		
10	OPERATING TEMPERATURE : MIN. / NORM. / MAX.	°C	30 / 60 /
11	DENSITY AT TEMPERATURE : MIN. / NORM. / MAX.	kg/m³	1000 / 970 /
12	KINEMATIC VISCOSITY AT TEMPERATURE : MIN. / NORM. / MAX.	cSt	0.7 / 0.54 /
13	VAPOUR PRESSURE AT MAX. TEMPERATURE OF OPERATION	kg/cm² (a)	0.9
14	CORROSIVE / EROSIVE / HAZARDOUS AGENTS	(yes-no)	YES / NO / YES
15	SUSPENDED SOLIDS : TYPE/ DIMENSIONS/ VOLUME %		/ /
16	OPERATIONAL DATA		
17	SUCTION PRESSURE : MIN./ NORM./ MAX. (NOTE 4)	kg/cm² (a)	- / 1.1 / 1.2
18	DISCHARGE PRESSURE AT RATED CAPACITY (NOTE 6)	kg/cm² (a)	3.2
19	DIFFERENTIAL PRESSURE AT RATED CAPACITY	kg/cm²	2.1
20	CAPACITY : MIN./ NORMAL / RATED	m³/h	2 / - / 6
21	HEAD AT RATED CAPACITY, at discharge nozzle	m	23
22	NPSH AVAILABLE / DATUM AT: suction nozzle-1st impeller-other	m	FLOODED /
23	MAX. ALLOWABLE PRESSURE AT SHUT-OFF	kg/cm² (a)	4.9
24	ESTIMATED ABSORBED POWER AT THE SHAFT	kW	1.3 (EFFICIENCY = 0.3)
25	FLOW CONTROLLED BY: pressure controller - level controller - flow controller - other (range % / type)		/ AUTOMATIC
26	REACCELERATION / AUTOMATIC START-UP	(yes-no)	NO / YES
27	START-UP WITH: open-closed discharge		
28	MIN. LIQUID LEVEL / DISTANCE BETWEEN FINISH BASE AND BOTTOM	mm	/
29	MECHANICAL DATA		
30	SEALING TYPE		PACKING
31	FLUSHING FLUID: type/press./temp.	kg/cm² / °C	/ /
32	COOLING FLUID: type/design press./operating temp.	kg/cm² / °C	/ /
33	HEATING FLUID: type/design press./operating temp.	kg/cm² / °C	/ /
34	PUMP CASING MATERIAL (minimum prescription)		AISI 304
35	CASING CORROSION ALLOWANCE	mm	
36	SUCTION / DISCHARGE LINE NOMINAL DIAMETER	inches	- / 2"
37	SUCTION / DISCHARGE LINE RATING	ANSI	- / 150# RF
38	NOTES		
39	1) THE SUPPLY SHALL BE IN ACCORDANCE WITH SPC. N. MA-E-30060 REV.2. (R2)		
40	2) COPPER OR COPPER ALLOYS ARE NOT ALLOWED.		
41	3) CARBONATE WEAK SOLUTION FROM DRAIN SYSTEM.		

THIS SPECIFICATION IS BASED ON PROCESS DATA SHEET N. MA-E-6316 REV.0

| 2 | REVISED WHERE INDICATED (R2) SH. 1, 3, 4, 6 | C.F. VOLINI | P. FONTANA | G. RICOTTI | 13.04.95 |
| 1 | ISSUE FOR ORDER TO POMPE GABBIONETA | G. FAVORINI | P. FONTANA | G. RICOTTI | 06 05 95 |

ANEXO C. TRANSACCIONES EN EL SISTEMA SAP.

Para la obtención de la data de falla del equipo, avisos de trabajo y fin de los trabajos de mantenimiento se utilizó el sistema SAP, para esto se uso la transacción IW29, luego el código sap del equipo o su TAG en el campo de clasificación, el intervalo de tiempo a observar y posteriormente se presiona F8 y aparece la lista de fallas del equipo, dicho proceso se presenta en la figuras C.1, C.2, C.3 y C.4.

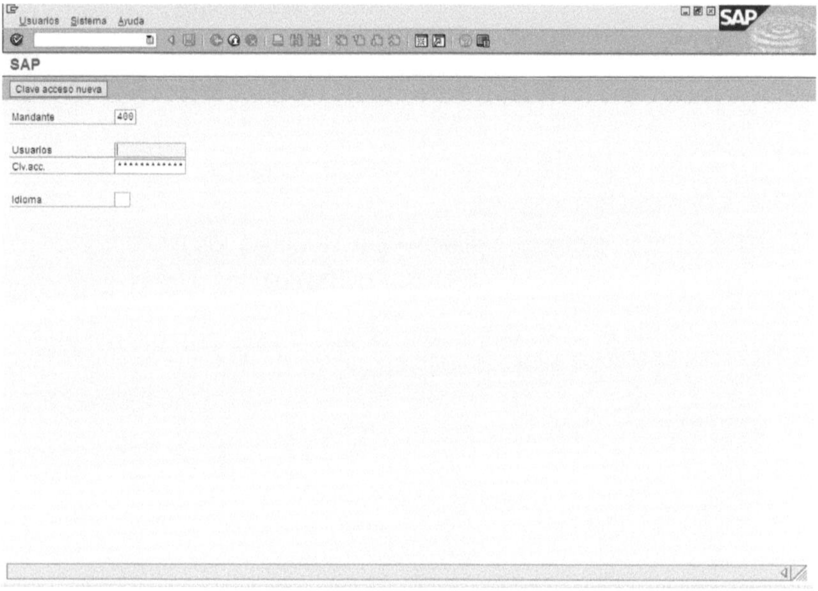

FIGURA C.1. ACCESO AL SISTEMA SAP.
FUENTE: FERTINITRO.

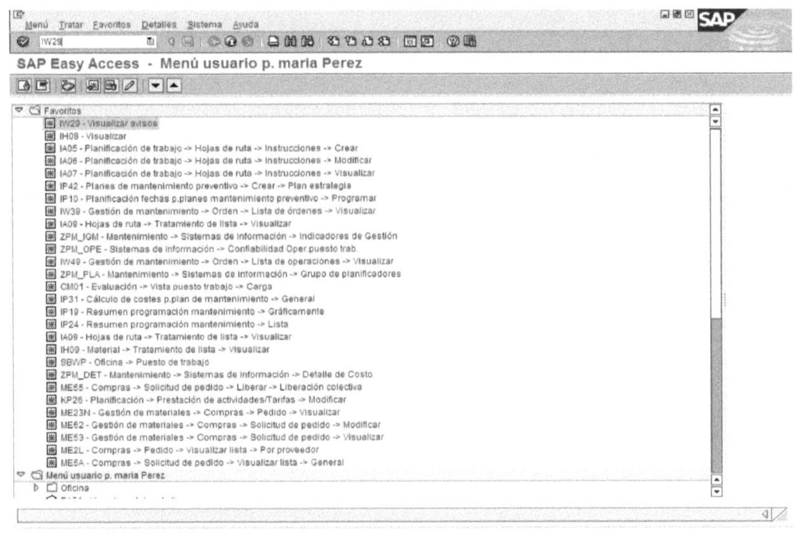

FIGURA C.2. SISTEMA SAP TRANSACCIÓN IW29.

FUENTE: FERTINITRO.

FIGURA C.3. SISTEMA SAP CON LOS DATOS NECESARIOS PARA VISUALIZAR EL HISTORIAL DEL EQUIPO.

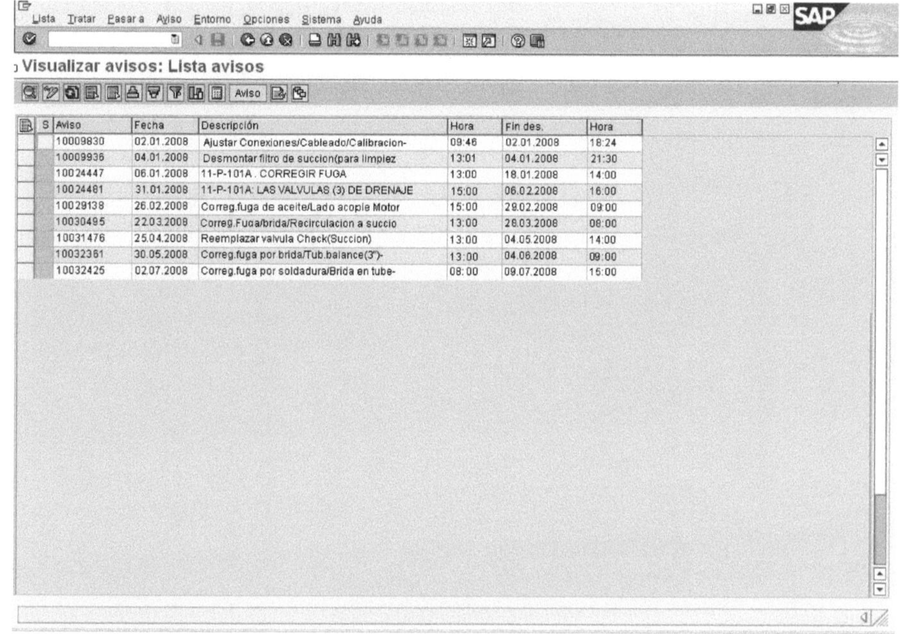

S	Aviso	Fecha	Descripción	Hora	Fin des.	Hora
	10009830	02.01.2008	Ajustar Conexiones/Cableado/Calibracion-	09:46	02.01.2008	18:24
	10009936	04.01.2008	Desmontar filtro de succion(para limpiez	13:01	04.01.2008	21:30
	10024447	06.01.2008	11-P-101A . CORREGIR FUGA	13:00	18.01.2008	14:00
	10024481	31.01.2008	11-P-101A: LAS VALVULAS (3) DE DRENAJE	15:00	06.02.2008	16:00
	10029138	26.02.2008	Correg.fuga de aceite/Lado acople Motor	15:00	29.02.2008	09:00
	10030495	22.03.2008	Correg.Fuga/brida/Recirculacion a succio	13:00	28.03.2008	08:00
	10031476	25.04.2008	Reemplazar valvula Check(Succion)	13:00	04.05.2008	14:00
	10032361	30.05.2008	Correg.fuga por brida/Tub.balance(3")-	13:00	04.06.2008	09:00
	10032425	02.07.2008	Correg.fuga por soldadura/Brida en tube-	08:00	09.07.2008	15:00

FUENTE: FERTINITRO.

FIGURA C.4. SISTEMA SAP MOSTRANDO EL HISTORIAL DEL EQUIPO CON SUS DIFERENTES DESCRIPCIONES DE FALLA, ACTIVIDAD A EJECUTAR Y FIN DE LA ACTIVIDAD.
FUENTE: FERTINITRO.

Para la obtención de las horas efectivas y horas disponibles se necesita tener las horas calendario y horas de parada programadas; para hallar las horas de parada programada se utilizo la transacción IW49, posteriormente se ingresa el código SAP del equipo y el tipo de mantenimiento a través de la orden PM02 (orden SAP para mantenimiento preventivo), una vez ingresado estos datos se presiona la tecla F8 y se

genera la pantalla en la que se visualización, las fechas, actividades y tiempo de
duración de la actividades de mantenimiento preventivo, esto se visualiza en las
figuras C.5,C.6 y C.7.

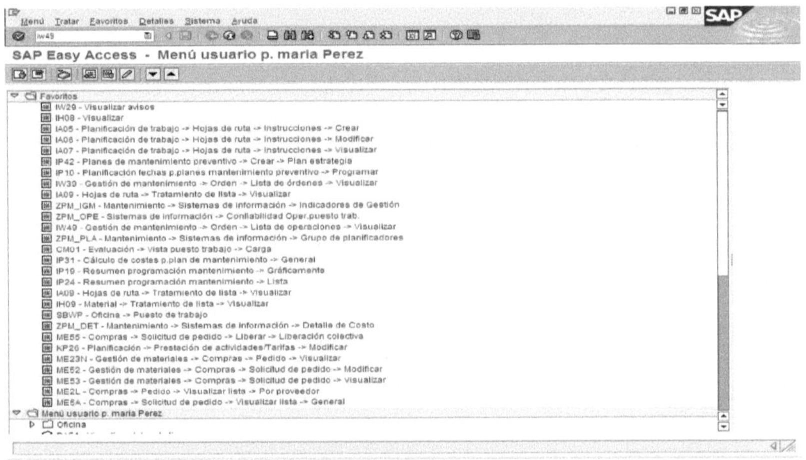

FIGURA C.5. SISTEMA SAP UTILIZANDO TRANSACCIÓN IW49
FUENTE: FERTINITRO.

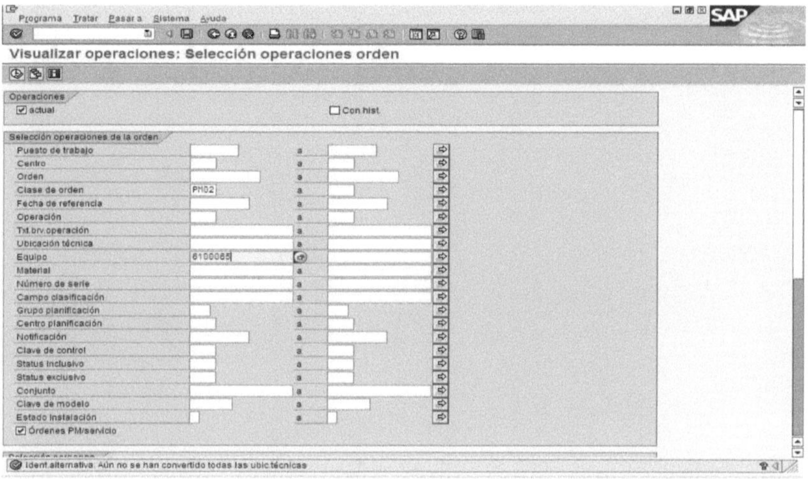

FIGURA C.6. SISTEMA SAP CON LOS DATOS NECESARIOS PARA VISUALIZAR HORAS POR MANTENIMIENTO PREVENTIVO POR CADA EQUIPO.

FUENTE: FERTINITRO.

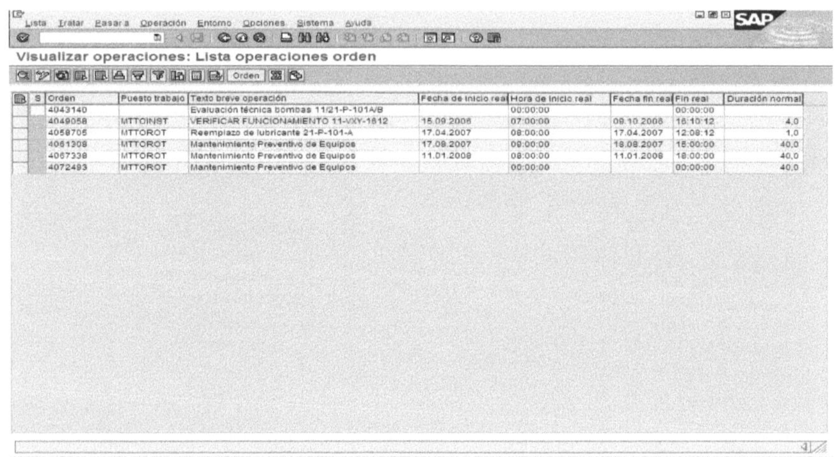

S	Orden	Puesto trabajo	Texto breve operación	Fecha de inicio real	Hora de inicio real	Fecha fin real	Fin real	Duración normal
	4043140		Evaluación técnica bombas 11/21-P-101A/B		00:00:00		00:00:00	
	4049058	MTTOINST	VERIFICAR FUNCIONAMIENTO 11-VXY-1812	15.09.2006	07:00:00	09.10.2006	16:10:12	4,0
	4058705	MTTOROT	Reemplazo de lubricante 21-P-101-A	17.04.2007	08:00:00	17.04.2007	12:08:12	1,0
	4061308	MTTOROT	Mantenimiento Preventivo de Equipos	17.08.2007	09:00:00	18.08.2007	18:00:00	40,0
	4067338	MTTOROT	Mantenimiento Preventivo de Equipos	11.01.2008	08:00:00	11.01.2008	18:00:00	40,0
	4072493	MTTOROT	Mantenimiento Preventivo de Equipos		00:00:00		00:00:00	40,0

FIGURA C.7. SISTEMA SAP MOSTRANDO EL HISTORIAL DEL EQUIPO CON SUS DIFERENTES DESCRIPCIONES DE LAS ACTIVIDADES EJECUTADAS POR MANTENIMIENTO PREVENTIVO.

FUENTE: FERTINITRO.

TABLA D.1. Data de falla del equipo rotativo 11-P-101-A.

EQUIPO 11-P-101-A		Parada			Arranque			
N°	AVISO	FECHA FALLA	HORA Falla	PROBLEMA Y/O DESCRIPCIÓN DE LA FALLA	FIN AVERIA	HORA Arranque	TEF (Hrs)	TFS (Hrs)
1	10024447	06.01.2008	13:00	Reemplazo de ambos sellos.	18.01.2008	14:00	-	289
2	10024481	31.01.2008	15:00	Fuga por el sello mecánico	06.02.2008	16:00	313	145
3	10029138	26.02.2008	15:00	FILTRO DAÑADO	29.02.2008	09:00	479	66
4	10030495	22.03.2008	13:00	Fuga por el sello mecánico	28.03.2008	08:00	532	139
5	10031476	25.04.2008	13:00	Reemplazo del sello	04.05.2008	14:00	677	217
6	10032361	30.05.2008	13:00	Fuga por el sello mecánico	04.06.2008	09:00	623	116
7	10032425	02.07.2008	08:00	Reemplazo de ambos sellos.	09.07.2008	15:00	785	175

Fuente: FertiNitro

TABLA D.2. Data de falla del equipo rotativo 11-P-101-B.

EQUIPO 11-P-101-B		Parada			Arranque			
N°	AVISO	FECHA FALLA	HORA Falla	PROBLEMA Y/O DESCRIPCIÓN DE LA FALLA	FIN AVERIA	HORA Arranque	TEF (Hrs)	TFS (Hrs)
1	10009351	05.01.2008	10:00	Fuga por el sello mecánico	12.01.2008	11:00	-	189
2	10010584	24.01.2008	15:00	Deficiencia en la descarga	29.01.2008	17:00	292	122
3	10016907	18.02.2008	08:00	FILTRO DAÑADO	22.02.2008	05:00	471	93
4	10018744	21.03.2008	17:00	FILTRO DAÑADO	24.03.2008	15:00	684	70
5	10022081	25.04.2008	14:00	Fuga por el sello mecánico	02.05.2008	12:00	767	168
6	10030448	31.05.2008	13:00	FILTRO DAÑADO	05.06.2008	14:00	697	121
7	10031268	08.07.2008	17:00	Fuga por el sello mecánico	15.07.2008	15:00	795	166
8	10032387	07.08.2008	13:00	FILTRO DAÑADO	11.08.2008	10:00	550	93

Fuente: FertiNitro

TABLA D.3. Data de falla del equipo rotativo 11-P-102-A.

EQUIPO 11-P-102-A		Parada			Arranque			
N°	AVISO	FECHA FALLA	HORA Falla	PROBLEMA Y/O DESCRIPCIÓN DE LA FALLA	FIN AVERIA	HORA Arranque	TEF (Hrs)	TFS (Hrs)
1	10029573	03.02.2008	10:00	CAMBIAR ELEMENTO FILTRANTE	04.02.2008	14:00	-	26
2	10029645	06.02.2008	17:00	Fuga por el sello mecánico	27.02.2008	15:00	51	502
3	10032675	05.08.2008	17:00	Fuga de producto por el sello mecánico del impulsor	08.08.2008	17:00	3842	72

Fuente: FertiNitro

TABLA D.4. Data de falla del equipo rotativo 11-P-102-B.

EQUIPO 11-P-102-B	Parada		PROBLEMA Y/O DESCRIPCIÓN DE LA FALLA	Arranque		TEF (Hrs)	TFS (Hrs)
N°	AVISO	FECHA FALLA	HORA Falla		FIN AVERIA	HORA Arranque		
1	10013913	23.01.2008	08:00:00	Fuga por el sello mecánico	29.01.2008	10:00	-	146
2	10013996	22.02.2008	17:00:00	Fuga por el sello mecánico	29.02.2008	17:00	535	168
3	10015606	26.03.2008	15:00:00	FILTRO DAÑADO	02.04.2008	19:00	622	148
4	10026931	01.05.2008	14:00:00	Fuga por el sello mecánico	09.05.2008	17:00	691	195
5	10026967	13.06.2008	10:12:57	Corregir fuga	22.06.2008	10:00	833	216
6	10029116	21.07.2008	11:00:00	Fuga por el sello mecánico	27.07.2008	17:00	697	150
7	10029252	12.08.2008	20:00:00	Fuga por el sello mecánico	15.08.2008	18:00	387	70
8	10031956	28.08.2008	21:00:00	FILTRO DAÑADO	31.08.2008	14:00	315	65

Fuente: FertiNitro

TABLA D.5. Data de falla del equipo rotativo 11-P-103-A.

EQUIPO 11-P-103-A	Parada		PROBLEMA Y/O DESCRIPCIÓN DE LA FALLA	Arranque		TEF (Hrs)	TFS (Hrs)
N°	AVISO	FECHA FALLA	HORA Falla		FIN AVERIA	HORA Arranque		
1	10008032	18.01.2008	10:00	Fuga por el sello mecanico	07.02.2008	11:00	-	481
2	10011119	20.02.2008	13:00	Reemplazo de los rodamientos 11-P-103-A	28.02.2008	15:00	314	194
3	10014150	24.03.2008	15:00	FILTRO DAÑADO	27.03.2008	16:00	601	73
4	10015529	07.05.2008	14:00	Fuga por el sello mecánico	13.05.2008	14:00	982	144
5	10029079	15.06.2008	16:00	Fuga excesiva de producto por el sello mecánico	21.06.2008	16:00	746	144
6	10029313	13.07.2008	13:00	Fuga de producto por el sello mecánico	19.07.2008	18:00	525	149
7	10030019	09.08.2008	21:00	Daño en los rodamientos	15.08.2008	16:00	459	164
8	10032722	25.08.2008	22:00	Fuga por el sello mecánico	30.08.2008	17:00	246	115

Fuente: FertiNitro

TABLA D.6. Data de falla del equipo rotativo 11-P-103-B.

EQUIPO 11-P-103-B	Parada				Arranque			
N°	AVISO	FECHA FALLA	HORA Falla	PROBLEMA Y/O DESCRIPCIÓN DE LA FALLA	FIN AVERIA	HORA Arranque	TEF (Hrs)	TFS (Hrs)
1	10011208	05.02.2008	15:00	Daño en filtro succion	09.02.2008	11:00	-	92
2	10014053	25.02.2008	13:00	Reemplazo de rodamientos	07.03.2008	14:00	386	265
3	10022160	28.03.2008	10:00	FILTRO DAÑADO	31.03.2008	13:00	500	75
4	10029315	26.04.2008	09:00	Daño en filtro succion	29.05.2008	09:00	620	72
5	10030639	21.06.2008	08:00	Deficiencia en le descarga	26.06.2008	11:00	551	123
6	10031588	22.07.2008	09:00	Incremento de vibración	30.07.2008	14:00	622	197
7	10032544	19.08.2008	11:00	Fuga de producto por el sello mecánico	27.08.2008	10:00	477	191

Fuente: FertiNitro

TABLA D.7. Data de falla del equipo rotativo 11-P-105-A.

EQUIPO 11-P-105-A	Parada				Arranque			
N°	AVISO	FECHA FALLA	HORA Falla	PROBLEMA Y/O DESCRIPCIÓN DE LA FALLA	FIN AVERIA	HORA Arranque	TEF (Hrs)	TFS (Hrs)
1	10013641	15.05.2008	08:00	Fuga por el sello mecánico	03.06.2008	09:00	-	457
2	10015011	18.06.2008	15:00	Daño en filtros succión	26.06.2008	16:00	366	193
3	10017474	22.07.2008	16:00	Fuga por el sello mecánico	26.07.2008	16:00	624	96
4	10017496	07.08.2008	14:00	Daño en filtros succión	09.08.2008	13:00	286	47
5	10027579	18.08.2008	11:00	Daño en filtros succión	20.08.2008	09:00	214	46
6	10031753	27.08.2008	10:00	Daño en filtros succión	29.06.2008	14:00	169	52

Fuente: FertiNitro

TABLA D.8. Data de falla del equipo rotativo 11-P-105-B.

EQUIPO 11-P-105-B	Parada				Arranque			
N°	AVISO	FECHA FALLA	HORA Falla	PROBLEMA Y/O DESCRIPCIÓN DE LA FALLA	FIN AVERIA	HORA Arranque	TEF (Hrs)	TFS (Hrs)
1	10026180	05.04.2008	16:00	11-p-105b corregir fuga por tuberia	10.04.2008	11:00	-	115
2	10026187	16.04.2008	10:00	Corregir fuga en tuberia	30.04.2008	11:00	144	336
3	10027580	05.07.2008	11:00	Mantenimiento en filtros succión	20.08.2008	12:00	1584	1105

Fuente: FertiNitro

TABLA D.9. Data de falla del equipo rotativo 11-P-107-A.

EQUIPO 11-P-107-A		Parada			Arranque			
N°	AVISO	FECHA FALLA	HORA Falla	ACTIVIDAD A EJECUTAR O FALLA	FIN AVERIA	HORA Arranque	TEF (Hrs)	TFS (Hrs)
1	10024629	21.01.2008	12:00	Reprarar o cambiar sello mecanico a	12.02.2008	15:00	-	531
2	10027577	05.07.2008	11:00	Mantenimiento en filtros succión	20.08.2008	12:00	3452	1105

Fuente: FertiNitro

TABLA D.10. Data de falla del equipo rotativo 11-P-107-B.

EQUIPO 11-P-107-B		Parada			Arranque			
N°	AVISO	FECHA FALLA	HORA Falla	PROBLEMA Y/O DESCRIPCIÓN DE LA FALLA	FIN AVERIA	HORA Arranque	TEF (Hrs)	TFS (Hrs)
1	10017786	06.06.2008	16:00	Presenta fuga por sello	08.06.2008	13:00	-	45
2	10032164	07.07.2008	14:00	Corrosión moderada localizada 11-MP107B.	15.07.2008	13:00	699	191
3	10032562	30.07.2008	14:00	Corrosión generalizada en la carcasa del motor y su base de fijación ver procedimiento anexo.	01.08.2008	14:00	361	48
4	10032994	10.09.2008	15:00	Condiciones detectadas: incrementos de picos a 2X. tanto en el motor como en la bomba. Indicios de desalineación en el conjunto.	13.09.2008	15:00	961	72

Fuente: FertiNitro

TABLA D.11. Data de falla del equipo rotativo 11-P-115-A.

EQUIPO 11-P-115-A		Parada			Arranque			
N°	AVISO	FECHA FALLA	HORA Falla	PROBLEMA Y/O DESCRIPCIÓN DE LA FALLA	FIN AVERIA	HORA Arranque	TEF (Hrs)	TFS (Hrs)
-	-	-	-	-	-	-	-	-

Fuente: FertiNitro

TABLA D.12. Data de falla del equipo rotativo 11-P-115-B.

EQUIPO 11-P-115-B		Parada			Arranque			
N°	AVISO	FECHA FALLA	HORA Falla	PROBLEMA Y/O DESCRIPCIÓN DE LA FALLA	FIN AVERIA	HORA Arranque	TEF (Hrs)	TFS (Hrs)
1	10030011	24.01.2008	12:00	Fuga por el sello mecanico	28.01.2008	11:00	-	95

Fuente: FertiNitro

TABLA D.13. Data de falla del equipo rotativo 11-P-116-A.

EQUIPO 11-P-116-A	Parada				Arranque			
N°	AVISO	FECHA FALLA	HORA Falla	PROBLEMA Y/O DESCRIPCIÓN DE LA FALLA	FIN AVERIA	HORA Arranque	TEF (Hrs)	TFS (Hrs)
1	10027005	10.03.2008	14:00	PROBLEMAS DE ARRANQUE	14.03.2008	14:00	-	96

Fuente: FertiNitro

TABLA D.14. Data de falla del equipo rotativo 11-P-116-B.

EQUIPO 11-P-116-B	Parada				Arranque			
N°	AVISO	FECHA FALLA	HORA Falla	PROBLEMA Y/O DESCRIPCIÓN DE LA FALLA	FIN AVERIA	HORA Arranque	TEF (Hrs)	TFS (Hrs)
-	-	-	-	-	-	-	-	-

Fuente: FertiNitro

TABLA D.15. Data de falla del equipo rotativo 11-P-141-B.

EQUIPO 11-P-141-B	Parada				Arranque			
N°	AVISO	FECHA FALLA	HORA Falla	PROBLEMA Y/O DESCRIPCIÓN DE LA FALLA	FIN AVERIA	HORA Arranque	TEF (Hrs)	TFS (Hrs)
-	-	-	-	-	-	-	-	-

Fuente: FertiNitro

TABLA D.16. Data de falla del equipo rotativo 11-P-142-B.

EQUIPO 11-P-142-B	Parada				Arranque			
N°	AVISO	FECHA FALLA	HORA Falla	PROBLEMA Y/O DESCRIPCIÓN DE LA FALLA	FIN AVERIA	HORA Arranque	TEF (Hrs)	TFS (Hrs)
-	-	-	-	-	-	-	-	-

Fuente: FertiNitro

TABLA D.17. Data de falla del equipo rotativo 11-P-143-A.

EQUIPO 11-P-143-A	Parada				Arranque			
N°	AVISO	FECHA FALLA	HORA Falla	PROBLEMA Y/O DESCRIPCIÓN DE LA FALLA	FIN AVERIA	HORA Arranque	TEF (Hrs)	TFS (Hrs)
-	-	-	-	-	-	-	-	-

Fuente: FertiNitro

TABLA D.18. Data de falla del equipo rotativo 11-P-143-B.

EQUIPO 11-P-143-B	Parada				Arranque			
N°	AVISO	FECHA FALLA	HORA Falla	PROBLEMA Y/O DESCRIPCIÓN DE LA FALLA	FIN AVERIA	HORA Arranque	TEF (Hrs)	TFS (Hrs)
1	10029921	17.01.2008	13:00	Daño en filtro succion.	18.01.2008	13:00	-	24
2	10031945	25.06.2008	14:00	Fuga por sello	25.06.2008	19:00	3817	5
3	10031957	26.06.2008	10:00	Daño en filtro succion.	27.06.2008	10:00	15	24
4	10031957	28.06.2008	10:00	Daño en filtro succion.	30.06.2008	09:00	24	47

Fuente: FertiNitro

TABLA D.19. Data de falla del equipo rotativo 11-P-146-B.

EQUIPO 11-P-146-B		Parada			Arranque			
N°	AVISO	FECHA FALLA	HORA Falla	PROBLEMA Y/O DESCRIPCIÓN DE LA FALLA	FIN AVERIA	HORA Arranque	TEF (Hrs)	TFS (Hrs)
1	10030012	24.01.2008	12:00	falla de rodamiento	30.01.2008	12:00	-	144
2	10030102	30.01.2008	13:00	La bomba no levanta presión a la descarga	04.02.2008	14:00	1	121

Fuente: FertiNitro

TABLA D.20. Data de falla del equipo rotativo 11-P-147-A.

EQUIPO 11-P-147-A		Parada			Arranque			
N°	AVISO	FECHA FALLA	HORA Falla	PROBLEMA Y/O DESCRIPCIÓN DE LA FALLA	FIN AVERIA	HORA Arranque	TEF (Hrs)	TFS (Hrs)
1	10029983	22.01.2008	11:00	Fuga de condensado	24.01.2008	14:00	-	51
2	10030246	12.02.2008	17:00	Ajuste de empaques 11-P-147-A: Perdida de condensado por los empaques de los pistones	18.02.2008	17:00	459	144
3	10030367	20.02.2008	11:00	Grieta cámaras de la bomba 11-P-147A	20.02.2008	16:00	42	5
4	10030890	31.03.2008	18:00	11-P-147-A reempacar. Se observa fuga de producto (perdida de calibración) por cilindro central.	06.04.2008	14:00	1682	140
5	10031904	20.06.2008	14:00	Reparar sección agrietada 11-P-147A	22.06.2008	14:00	1800	48
6	10033021	15.09.2008	16:00	11-P-147-A:fuga por lo cilindros de la bomba	16.09.2008	16:00	2042	24

Fuente: FertiNitro

TABLA D.21. Data de falla del equipo rotativo 11-P-147-B.

EQUIPO 11-P-147-B		Parada			Arranque			
N°	AVISO	FECHA FALLA	HORA Falla	PROBLEMA Y/O DESCRIPCIÓN DE LA FALLA	FIN AVERIA	HORA Arranque	TEF (Hrs)	TFS (Hrs)
1	10030111	31.01.2008	14:00	Fuga de condensado	03.02.2008	14:00	-	72
2	10030336	19.02.2008	14:00	Insp.visual y ensayo tintes pen 11-P147B: Reparar erosion en	20.02.2008	16:00	384	26
3	10031822	17.06.2008	11:00	Verificar conciones correas	19.06.2008	11:00	2827	48
4	10032235	09.07.2008	07:00	11-P-147-B:Fuga por cilindros sur y central.	10.07.2008	11:00	476	28
5	10032300	11.07.2008	15:00	11-P-147-B:Fuga por cilindros sur y central.	12.07.2008	15:00	28	25
6	10033023	15.09.2008	16:00	11-P-147-B: Fuga por tubing de descarga.	16.09.2008	16:00	816	25

Fuente: FertiNitro

TABLA D.22. Data de falla del equipo rotativo 11-P-148-B.

EQUIPO 11-P-148-B		Parada			Arranque			
N°	AVISO	FECHA FALLA	HORA Falla	PROBLEMA Y/O DESCRIPCIÓN DE LA FALLA	FIN AVERIA	HORA Arranque	TEF (Hrs)	TFS (Hrs)
-	-	-	-	-	-	-	-	-

Fuente: FertiNitro

ANEXO E. EFECTIVIDAD DE LOS EQUIPOS ROTATIVOS DE LA RUTA 11-A.

Tabla E.1. Efectividad de los equipos rotativos de la ruta en estudio.

N°	Equipo	Total Horas de Parada Programada	Horas calendario	Horas Disponibles	Horas de Demora	Horas Efectivas	EFECTIVIDAD
1	11-P-101-A	1437		5139	1147	3992	77,7
2	11-P-101-B	1352		5224	1000	4224	80,9
3	11-P-102-A	1126		5450	600	4850	89
4	11-P-102-B	1211		5365	1158	4207	78,4
5	11-P-103-A	1157		5419	1464	3955	73
6	11-P-103-B	1124		5452	1015	4437	81,4
7	11-P-105-A	1325		5251	891	4360	83
8	11-P-105-B	1316		5260	1556	3704	70,4
9	11-P-107-A	1117		5459	1636	3823	70
10	11-P-107-B	1127,5		5448,5	356	5092,5	93,5
11	11-P-115-A	1117	6576	5459	0	5459	100
12	11-P-115-B	1113		5463	95	5368	98,3
13	11-P-116-A	1116		5460	96	5364	98,2
14	11-P-116-B	1116		5460	0	5460	100
15	11-P-141-B	1105		5471	0	5471	100
16	11-P-142-B	1104		5472	0	5472	100
17	11-P-143-A	1117		5459	0	5459	100
18	11-P-143-B	1117		5459	100	5359	98,2
19	11-P-146-B	1104		5472	265	5207	95,2
20	11-P-147-A	1113		5463	412	5051	92,5
21	11-P-147-B	1111		5465	224	5241	95,9
22	11-P-148-B	1136		5440	0	5440	100

ANEXO F. ENCUESTA APLICADA A LOS PLANIFICADORES

TABLA F.1. ENCUESTA DE DISPONIBILIDAD DE REPUESTOS Y SIAHO N°1.

Nombre y Apellido: __Jezzel Vivas__

Cargo: __Planificador__

Empresa: __FertiNitro__

Tiempo en la empresa: __2 años__

Fecha: __06/10/08__ *Número de encuesta: __01__*

RUTA 11 -A				Seguridad del personal, equipos y/o medio ambiente		
EQUIPO	Cant. Deman.	Cant. Satisf.	Disponibilidad	Normal	Temporal	Permanente
11-P-101-A	1	0	0			x
11-P-101-B	1	0	0			x
11-P-102-A	3	2	66,67			x
11-P-102-B	3	2	66,67			x
11-P-103-A	1	1	100			x
11-P-103-B	1	1	100			x
11-P-105-A	1	1	100		x	
11-P-105-B	1	1	100		x	
11-P-107-A	1	0	0	x		
11-P-107-B	1	0	0	x		
11-P-115-A	1	0	0		x	
11-P-115-B	1	0	0		x	
11-P-116-A	1	1	100	x		
11-P-116-B	1	1	100	x		
11-P-141-B	1	1	100	x		
11-P-142-B	1	1	100	x		
11-P-143-A	2	1	50		x	
11-P-143-B	2	1	50		x	
11-P-146-B	2	1	50	x		
11-P-147-A	1	1	100		x	
11-P-147-B	1	1	100		x	
11-P-148-B	1	1	100	x		

FUENTE: FERTINITRO.

Nombre y Apellido: Daniel Bolivar

Cargo: Spte. Planificación

Empresa: FertiNitro

Tiempo en la empresa: 4 años y medio

Fecha: 17/10/08

Número de encuesta:
02

RUTA 11 -A				Seguridad del personal, equipos y/o medio ambiente		
EQUIPO	Cant. Deman.	Cant. Satisf.	Disponibilidad	Normal	Temporal	Permanente
11-P-101-A	4	1	25			x
11-P-101-B	3	1	33,33			x
11-P-102-A	5	5	100			x
11-P-102-B	7	5	71,43			x
11-P-103-A	1	1	100			x
11-P-103-B	1	1	100			x
11-P-105-A	1	1	100		x	
11-P-105-B	1	1	100		x	
11-P-107-A	1	0	0	x		
11-P-107-B	1	0	0	x		
11-P-115-A	1	0	0		x	
11-P-115-B	1	0	0		x	
11-P-116-A	1	1	100	x		
11-P-116-B	1	1	100	x		
11-P-141-B	1	1	100	x		
11-P-142-B	1	1	100	x		
11-P-143-A	2	1	50		x	
11-P-143-B	2	1	50		x	
11-P-146-B	6	2	33,33	x		
11-P-147-A	1	1	100		x	
11-P-147-B	1	1	100		x	
11-P-148-B	5	2	40	x		

FUENTE: FERTINITRO.

TABLA F.3. ENCUESTA DE DISPONIBILIDAD DE REPUESTOS Y SIAHO Nº3

Nombre y Apellido: Oswaldo Mata

Cargo: Planificador

Empresa: FertiNitro

Tiempo en la empresa: 2 años

Fecha: 19/10/08

Número de encuesta:
03

RUTA 11 -A				Seguridad del personal, equipos y/o medio ambiente		
EQUIPO	CantDeman.	Cant. Satisf.	Disponibilidad	Normal	Temporal	Permanente
11-P-101-A	3	1	33,33			x
11-P-101-B	3	1	33,33			x
11-P-102-A	5	5	100			x
11-P-102-B	5	2	40			x
11-P-103-A	1	1	100			x
11-P-103-B	1	1	100			x
11-P-105-A	1	1	100			x
11-P-105-B	1	1	100			x
11-P-107-A	1	0	0		x	
11-P-107-B	1	0	0		x	
11-P-115-A	1	0	0		x	
11-P-115-B	1	0	0		x	
11-P-116-A	1	1	100		x	
11-P-116-B	1	1	100		x	
11-P-141-B	1	1	100	x		
11-P-142-B	1	1	100	x		
11-P-143-A	2	1	50		x	
11-P-143-B	2	1	50		x	
11-P-146-B	2	1	50	x		
11-P-147-A	1	1	100			x
11-P-147-B	1	1	100			x
11-P-148-B	1	1	100	x		

FUENTE: FERTINITRO.

TABLA F.4. RESULTADOS DE LA ENCUESTA DE DISPONIBILIDAD DE REPUESTOS.

EQUIPO	DISPONIBILIDAD	DISPONIBILIDAD	DISPONIBILIDAD	Total %	Criterio disponibilidad (D.S.)
11-P-101-A	0	25	33,33	19,44	3c
11-P-101-B	0	33,33	33,33	22,22	3c
11-P-102-A	66,67	100	100	88,89	3a
11-P-102-B	66,67	71,43	40	59,37	3b
11-P-103-A	100	100	100	100	3a
11-P-103-B	100	100	100	100	3a
11-P-105-A	100	100	100	100	3a
11-P-105-B	100	100	100	100	3a
11-P-107-A	0	0	0	0	3c
11-P-107-B	0	0	0	0	3c
11-P-115-A	0	0	0	0	3c
11-P-115-B	0	0	0	0	3c
11-P-116-A	100	100	100	100	3a
11-P-116-B	100	100	100	100	3a
11-P-141-B	100	100	100	100	3a
11-P-142-B	100	100	100	100	3a
11-P-143-A	50	50	50	50	3c
11-P-143-B	50	50	50	50	3c
11-P-146-B	50	33,33	50	44,44	3c
11-P-147-A	100	100	100	100	3a
11-P-147-B	100	100	100	100	3a
11-P-148-B	100	40	100	80	3b

F.5. RESULTADOS DE LA ENCUESTA DE SIAHO.

Seguridad del personal, equipos y/o medio ambiente			
EQUIPO	Normal	Temporal	Permanente
11-P-101-A			X
11-P-101-B			X
11-P-102-A			X
11-P-102-B			X
11-P-103-A			X
11-P-103-B			X
11-P-105-A		X	
11-P-105-B		X	
11-P-107-A	X		
11-P-107-B	X		
11-P-115-A		X	
11-P-115-B		X	
11-P-116-A	X		
11-P-116-B	X		
11-P-141-B	X		
11-P-142-B	X		
11-P-143-A		X	
11-P-143-B		X	
11-P-146-B	X		
11-P-147-A		X	
11-P-147-B		X	
11-P-148-B	X		

ANEXO G. ANÁLISIS DE CRITICIDAD DE LOS EQUIPOS ROTATIVOS DE LA RUTA 11-A.

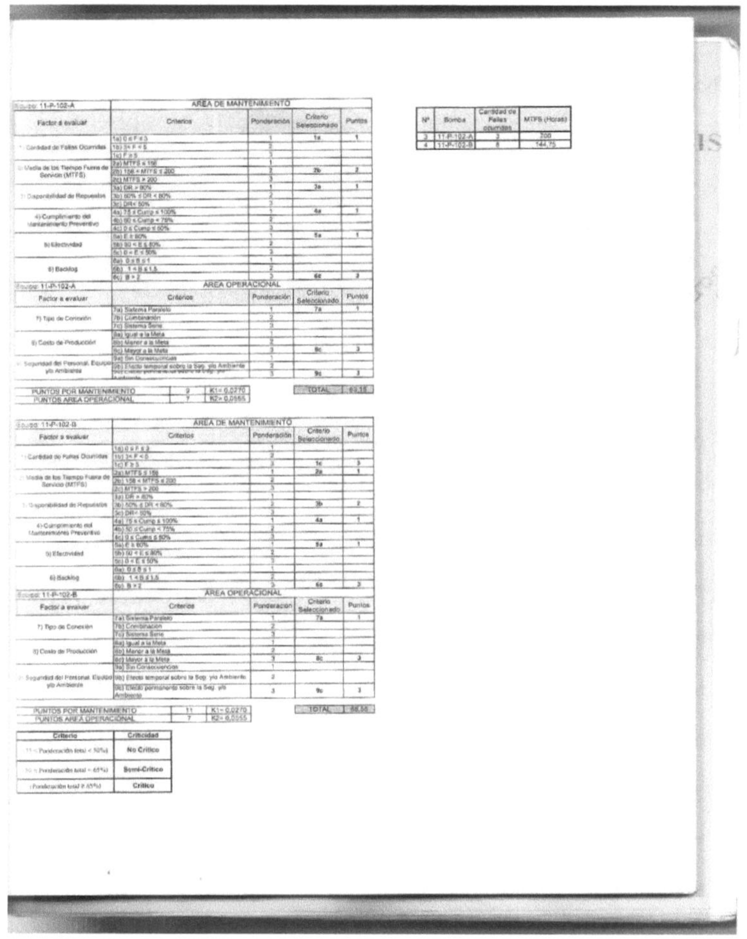

Equipo: 11-P-102-A	ÁREA DE MANTENIMIENTO			
Factor a evaluar	Criterios	Ponderación	Criterio Seleccionado	Puntos
1) Cantidad de Fallas Ocurridas	1a) 0 ≤ F ≤ 3	1	1a	1
	1b) 3 < F < 5	2		
	1c) F ≥ 5	3		
2) Media de los Tiempo Fuera de Servicio (MTFS)	2a) MTFS ≤ 158	1	2b	2
	2b) 158 < MTFS ≤ 200	2		
	2c) MTFS > 200	3		
3) Disponibilidad de Repuestos	3a) DR > 80%	1	3a	1
	3b) 60% ≤ DR < 80%	2		
	3c) DR < 50%	3		
4) Cumplimiento del Mantenimiento Preventivo	4a) 75 ≤ Cump ≤ 100%	1	4a	1
	4b) 50 ≤ Cump < 75%	2		
	4c) 0 ≤ Cump ≤ 50%	3		
5) Efectividad	5a) E ≥ 80%	1	5a	1
	5b) 50 < E ≤ 80%	2		
	5c) 0 < E < 50%	3		
6) Backlog	6a) 0 ≤ B ≤ 1	1		
	6b) 1 < B ≤ 1.5	2		
	6c) B > 2	3	6c	3

Equipo: 11-P-102-A	ÁREA OPERACIONAL			
Factor a evaluar	Criterios	Ponderación	Criterio Seleccionado	Puntos
7) Tipo de Conexión	7a) Sistema Paralelo	1	7a	1
	7b) Combinación	2		
	7c) Sistema Serie	3		
8) Costo de Producción	8a) Igual a la Meta	1		
	8b) Menor a la Meta	2		
	8c) Mayor a la Meta	3	8c	3
9) Seguridad del Personal, Equipo y/o Ambiente	9a) Sin Consecuencias	1		
	9b) Efecto temporal sobre la Seg. y/o Ambiente	2		
	9c) Efecto permanente sobre la Seg. y/o Ambiente	3	9c	3

PUNTOS POR MANTENIMIENTO	9	K1= 0.0270	TOTAL	69.15
PUNTOS AREA OPERACIONAL	7	K2= 0.0555		

Equipo: 11-P-102-B	ÁREA DE MANTENIMIENTO			
Factor a evaluar	Criterios	Ponderación	Criterio Seleccionado	Puntos
1) Cantidad de Fallas Ocurridas	1a) 0 ≤ F ≤ 3	1		
	1b) 3 < F < 5	2		
	1c) F ≥ 5	3	1c	3
2) Media de los Tiempo Fuera de Servicio (MTFS)	2a) MTFS ≤ 158	1	2a	1
	2b) 158 < MTFS ≤ 200	2		
	2c) MTFS > 200	3		
3) Disponibilidad de Repuestos	3a) DR > 80%	1		
	3b) 50% ≤ DR < 80%	2	3b	2
	3c) DR < 50%	3		
4) Cumplimiento del Mantenimiento Preventivo	4a) 75 ≤ Cump ≤ 100%	1	4a	1
	4b) 50 ≤ Cump < 75%	2		
	4c) 0 ≤ Cump ≤ 50%	3		
5) Efectividad	5a) E ≥ 80%	1	5a	1
	5b) 50 < E ≤ 80%	2		
	5c) 0 < E ≤ 50%	3		
6) Backlog	6a) 0 ≤ B ≤ 1	1		
	6b) 1 < B ≤ 1.5	2		
	6c) B > 2	3	6c	3

Equipo: 11-P-102-B	ÁREA OPERACIONAL			
Factor a evaluar	Criterios	Ponderación	Criterio Seleccionado	Puntos
7) Tipo de Conexión	7a) Sistema Paralelo	1	7a	1
	7b) Combinación	2		
	7c) Sistema Serie	3		
8) Costo de Producción	8a) Igual a la Meta	1		
	8b) Menor a la Meta	2		
	8c) Mayor a la Meta	3	8c	3
9) Seguridad del Personal, Equipo y/o Ambiente	9a) Sin Consecuencias	1		
	9b) Efecto temporal sobre la Seg. y/o Ambiente	2		
	9c) Efecto permanente sobre la Seg. y/o Ambiente	3	9c	3

PUNTOS POR MANTENIMIENTO	11	K1= 0.0270	TOTAL	88.55
PUNTOS AREA OPERACIONAL	7	K2= 0.0555		

Criterio	Criticidad
11 < Ponderación total < 50%	No Crítico
50 ≤ Ponderación total < 65%	Semi-Crítico
Ponderación total ≥ 65%	Crítico

N°	Bomba	Cantidad de Fallas ocurridas	MTFS (Horas)
3	11-P-102-A	3	200
4	11-P-102-B	8	144,75

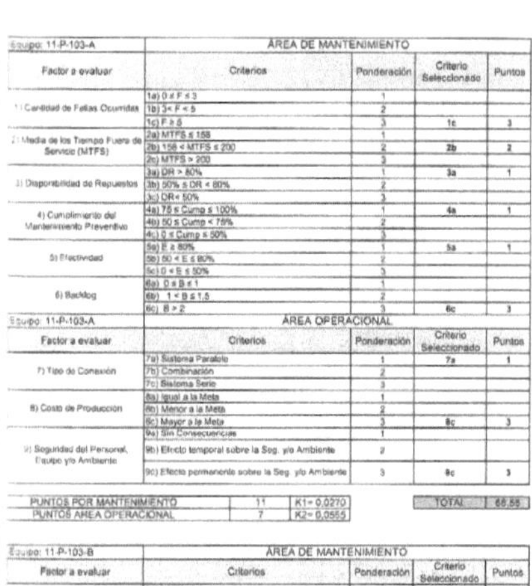

Equipo: 11-P-103-A — ÁREA DE MANTENIMIENTO

Factor a evaluar	Criterios	Ponderación	Criterio Seleccionado	Puntos
1) Cantidad de Fallas Ocurridas	1a) 0 ≤ F ≤ 3	1		
	1b) 3 < F < 5	2		
	1c) F ≥ 5	3	1c	3
2) Media de los Tiempo Fuera de Servicio (MTFS)	2a) MTFS ≤ 158	1		
	2b) 158 < MTFS ≤ 200	2	2b	2
	2c) MTFS > 200	3		
3) Disponibilidad de Repuestos	3a) DR > 80%	1	3a	1
	3b) 50% ≤ DR < 80%	2		
	3c) DR < 50%	3		
4) Cumplimiento del Mantenimiento Preventivo	4a) 75 ≤ Cump ≤ 100%	1	4a	1
	4b) 50 ≤ Cump < 75%	2		
	4c) 0 ≤ Cump ≤ 50%	3		
5) Efectividad	5a) E ≥ 80%	1	5a	1
	5b) 50 < E ≤ 80%	2		
	5c) 0 < E ≤ 50%	3		
6) Backlog	6a) 0 ≤ B ≤ 1	1		
	6b) 1 < B ≤ 1,5	2		
	6c) B > 2	3	6c	3

Equipo: 11-P-103-A — ÁREA OPERACIONAL

Factor a evaluar	Criterios	Ponderación	Criterio Seleccionado	Puntos
7) Tipo de Conexión	7a) Sistema Paralelo	1	7a	1
	7b) Combinación	2		
	7c) Sistema Serie	3		
8) Costo de Producción	8a) Igual a la Meta	1		
	8b) Menor a la Meta	2		
	8c) Mayor a la Meta	3	8c	3
9) Seguridad del Personal, Equipo y/o Ambiente	9a) Sin Consecuencias	1		
	9b) Efecto temporal sobre la Seg. y/o Ambiente	2		
	9c) Efecto permanente sobre la Seg. y/o Ambiente	3	9c	3

PUNTOS POR MANTENIMIENTO	11	K1= 0,0270	TOTAL	66,66
PUNTOS ÁREA OPERACIONAL	7	K2= 0,0555		

Nº	Bomba	Cantidad de Fallas ocurridas	MTFS (Horas)
5	11-P-103-A	8	163
6	11-P-103-B	7	145

Equipo: 11-P-103-B — ÁREA DE MANTENIMIENTO

Factor a evaluar	Criterios	Ponderación	Criterio Seleccionado	Puntos
1) Cantidad de Fallas Ocurridas	1a) 0 ≤ F ≤ 3	1		
	1b) 3 < F < 5	2		
	1c) F ≥ 5	3	1c	3
2) Media de los Tiempo Fuera de Servicio (MTFS)	2a) MTFS ≤ 158	1	2a	1
	2b) 158 < MTFS ≤ 200	2		
	2c) MTFS > 200	3		
3) Disponibilidad de Repuestos	3a) DR > 80%	1	3a	1
	3b) 50% ≤ DR < 80%	2		
	3c) DR < 50%	3		
4) Cumplimiento del Mantenimiento Preventivo	4a) 75 ≤ Cump ≤ 100%	1	4a	1
	4b) 50 ≤ Cump < 75%	2		
	4c) 0 ≤ Cump ≤ 50%	3		
5) Efectividad	5a) E ≥ 80%	1	5a	1
	5b) 50 < E ≤ 80%	2		
	5c) 0 < E ≤ 50%	3		
6) Backlog	6a) 0 ≤ B ≤ 1	1		
	6b) 1 < B ≤ 1,5	2		
	6c) B > 2	3	6c	3

Equipo: 11-P-103-B — ÁREA OPERACIONAL

Factor a evaluar	Criterios	Ponderación	Criterio Seleccionado	Puntos
7) Tipo de Conexión	7a) Sistema Paralelo	1	7a	1
	7b) Combinación	2		
	7c) Sistema Serie	3		
8) Costo de Producción	8a) Igual a la Meta	1		
	8b) Menor a la Meta	2		
	8c) Mayor a la Meta	3	8c	3
9) Seguridad del Personal, Equipo y/o Ambiente	9a) Sin Consecuencias	1		
	9b) Efecto temporal sobre la Seg. y/o Ambiente	2		
	9c) Efecto permanente sobre la Seg. y/o Ambiente	3	9c	3

PUNTOS POR MANTENIMIENTO	10	K1= 0,0270	TOTAL	65,55
PUNTOS ÁREA OPERACIONAL	7	K2= 0,0555		

Criterio	Criticidad
Ponderación total < 50%	No Crítico
Ponderación total = 65%	Semi-Crítico
Ponderación total ≥ 65%	Crítico

Equipo: 11-P-105-A — ÁREA DE MANTENIMIENTO

Factor a evaluar	Criterios	Ponderación	Criterio Seleccionado	Puntos
1) Cantidad de Fallas Ocurridas	1a) $0 \leq F \leq 3$	1		
	1b) $3 < F < 5$	2		
	1c) $F \geq 5$	3	1c	3
2) Media de los Tiempo Fuera de Servicio (MTFS)	2a) $MTFS \leq 158$	1	2b	1
	2b) $158 < MTFS \leq 200$	2		
	2c) $MTFS > 200$	3		
3) Disponibilidad de Repuestos	3a) $DR > 80\%$	1	3a	1
	3b) $50\% \leq DR < 80\%$	2		
	3c) $DR < 50\%$	3		
4) Cumplimiento del Mantenimiento Preventivo	4a) $75 \leq Cump \leq 100\%$	1	4a	1
	4b) $50 \leq Cump < 75\%$	2		
	4c) $0 \leq Cump \leq 50\%$	3		
5) Efectividad	5a) $E \geq 80\%$	1		
	5b) $50 < E \leq 80\%$	2	5b	2
	5c) $0 < E \leq 50\%$	3		
6) Backlog	6a) $0 \leq B \leq 1$	1		
	6b) $1 < B \leq 1.5$	2		
	6c) $B > 2$	3	6c	3

Equipo: 11-P-105-A — ÁREA OPERACIONAL

Factor a evaluar	Criterios	Ponderación	Criterio Seleccionado	Puntos
7) Tipo de Conexión	7a) Sistema Paralelo	1	7a	1
	7b) Combinación	2		
	7c) Sistema Serie	3		
8) Costo de Producción	8a) Igual a la Meta	1		
	8b) Menor a la Meta	2		
	8c) Mayor a la Meta	3	8c	3
9) Seguridad del Personal, Equipo y/o Ambiente	9a) Sin Consecuencias	1		
	9b) Efecto temporal sobre la Seg. y/o Ambiente	2	9b	2
	9c) Efecto permanente sobre la Seg. y/o Ambiente	3		

PUNTOS POR MANTENIMIENTO	11	K1= 0.0270	TOTAL	63
PUNTOS ÁREA OPERACIONAL	6	K2= 0.0555		

Equipo: 11-P-105-B — ÁREA DE MANTENIMIENTO

Factor a evaluar	Criterios	Ponderación	Criterio Seleccionado	Puntos
1) Cantidad de Fallas Ocurridas	1a) $0 \leq F \leq 3$	1	1a	1
	1b) $3 < F < 5$	2		
	1c) $F \geq 5$	3		
2) Media de los Tiempo Fuera de Servicio (MTFS)	2a) $MTFS \leq 158$	1		
	2b) $158 < MTFS \leq 200$	2		
	2c) $MTFS > 200$	3	2c	3
3) Disponibilidad de Repuestos	3a) $DR > 80\%$	1	3a	1
	3b) $50\% \leq DR < 80\%$	2		
	3c) $DR < 50\%$	3		
4) Cumplimiento del Mantenimiento Preventivo	4a) $75 \leq Cump \leq 100\%$	1	4a	1
	4b) $50 \leq Cump < 75\%$	2		
	4c) $0 \leq Cump \leq 50\%$	3		
5) Efectividad	5a) $E \geq 80\%$	1	5a	1
	5b) $50 < E \leq 80\%$	2		
	5c) $0 < E \leq 50\%$	3		
6) Backlog	6a) $0 \leq B \leq 1$	1		
	6b) $1 < B \leq 1.5$	2		
	6c) $B > 2$	3	6c	3

Equipo: 11-P-105-B — ÁREA OPERACIONAL

Factor a evaluar	Criterios	Ponderación	Criterio Seleccionado	Puntos
7) Tipo de Conexión	7a) Sistema Paralelo	1	7a	1
	7b) Combinación	2		
	7c) Sistema Serie	3		
8) Costo de Producción	8a) Igual a la Meta	1		
	8b) Menor a la Meta	2		
	8c) Mayor a la Meta	3	8c	3
9) Seguridad del Personal, Equipo y/o Ambiente	9a) Sin Consecuencias	1		
	9b) Efecto temporal sobre la Seg. y/o Ambiente	2	9b	2
	9c) Efecto permanente sobre la Seg. y/o Ambiente	3		

PUNTOS POR MANTENIMIENTO	10	K1= 0.0270	TOTAL	60.3
PUNTOS ÁREA OPERACIONAL	6	K2= 0.0555		

Criterio	Criticidad
($15 \leq$ Ponderación total < 50%)	No Crítico
($50 \leq$ Ponderación total < 65%)	Semi-Crítico
(Ponderación total $\geq$ 65%)	Crítico

N°	Bomba	Cantidad de Fallas ocurridas	MTFS (Horas)
7	11-P-105-A	6	148.5
8	11-P-105-B	3	518.67

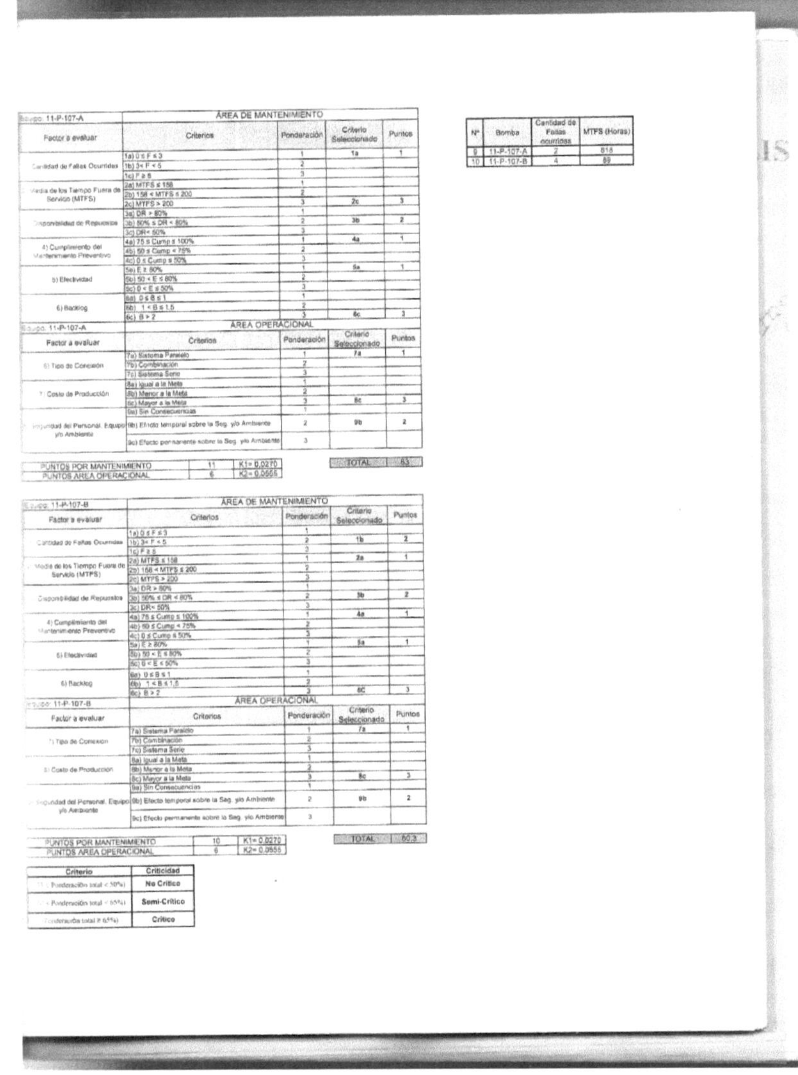

Equipo: 11-P-107-A

ÁREA DE MANTENIMIENTO				
Factor a evaluar	Criterios	Ponderación	Criterio Seleccionado	Puntos
Cantidad de Fallas Ocurridas	1a) 0 ≤ F ≤ 3	1	1a	1
	1b) 3 < F < 5	2		
	1c) F ≥ 5	3		
Media de los Tiempo Fuera de Servicio (MTFS)	2a) MTFS ≤ 158	1		
	2b) 158 < MTFS ≤ 200	2		
	2c) MTFS > 200	3	2c	3
Disponibilidad de Repuestos	3a) DR > 80%	1		
	3b) 50% ≤ DR < 80%	2	3b	2
	3c) DR < 50%	3		
4) Cumplimiento del Mantenimiento Preventivo	4a) 75 ≤ Cump ≤ 100%	1	4a	1
	4b) 50 ≤ Cump < 75%	2		
	4c) 0 ≤ Cump ≤ 50%	3		
5) Efectividad	5a) E ≥ 80%	1	5a	1
	5b) 50 < E ≤ 80%	2		
	5c) 0 < E ≤ 50%	3		
6) Backlog	6a) 0 ≤ B ≤ 1	1		
	6b) 1 < B ≤ 1.5	2		
	6c) B > 2	3	6c	3

Equipo: 11-P-107-A

ÁREA OPERACIONAL				
Factor a evaluar	Criterios	Ponderación	Criterio Seleccionado	Puntos
6) Tipo de Conexión	7a) Sistema Paralelo	1	7a	1
	7b) Combinación	2		
	7c) Sistema Serie	3		
7) Costo de Producción	8a) Igual a la Meta	1		
	8b) Menor a la Meta	2		
	8c) Mayor a la Meta	3	8c	3
Seguridad del Personal, Equipo y/o Ambiente	9a) Sin Consecuencias	1		
	9b) Efecto temporal sobre la Seg. y/o Ambiente	2	9b	2
	9c) Efecto permanente sobre la Seg. y/o Ambiente	3		

PUNTOS POR MANTENIMIENTO	11	K1= 0.0270	TOTAL 63
PUNTOS ÁREA OPERACIONAL	6	K2= 0.0555	

Equipo: 11-P-107-B

ÁREA DE MANTENIMIENTO				
Factor a evaluar	Criterios	Ponderación	Criterio Seleccionado	Puntos
Cantidad de Fallas Ocurridas	1a) 0 ≤ F ≤ 3	1		
	1b) 3 < F < 5	2	1b	2
	1c) F ≥ 5	3		
Media de los Tiempo Fuera de Servicio (MTFS)	2a) MTFS ≤ 158	1	2a	1
	2b) 158 < MTFS ≤ 200	2		
	2c) MTFS > 200	3		
Disponibilidad de Repuestos	3a) DR > 80%	1		
	3b) 50% ≤ DR < 80%	2	3b	2
	3c) DR < 50%	3		
4) Cumplimiento del Mantenimiento Preventivo	4a) 75 ≤ Cump ≤ 100%	1	4a	1
	4b) 50 ≤ Cump < 75%	2		
	4c) 0 ≤ Cump ≤ 50%	3		
5) Efectividad	5a) E ≥ 80%	1	5a	1
	5b) 50 < E ≤ 80%	2		
	5c) 0 < E ≤ 50%	3		
6) Backlog	6a) 0 ≤ B ≤ 1	1		
	6b) 1 < B ≤ 1.5	2		
	6c) B > 2	3	6c	3

Equipo: 11-P-107-B

ÁREA OPERACIONAL				
Factor a evaluar	Criterios	Ponderación	Criterio Seleccionado	Puntos
6) Tipo de Conexión	7a) Sistema Paralelo	1	7a	1
	7b) Combinación	2		
	7c) Sistema Serie	3		
7) Costo de Producción	8a) Igual a la Meta	1		
	8b) Menor a la Meta	2		
	8c) Mayor a la Meta	3	8c	3
Seguridad del Personal, Equipo y/o Ambiente	9a) Sin Consecuencias	1		
	9b) Efecto temporal sobre la Seg. y/o Ambiente	2	9b	2
	9c) Efecto permanente sobre la Seg. y/o Ambiente	3		

PUNTOS POR MANTENIMIENTO	10	K1= 0.0270	TOTAL 60.3
PUNTOS ÁREA OPERACIONAL	6	K2= 0.0555	

Criterio	Criticidad
(Ponderación total < 50%)	No Crítico
(Ponderación total < 65%)	Semi-Crítico
(Ponderación total ≥ 65%)	Crítico

Nº	Bomba	Cantidad de Fallas ocurridas	MTFS (Horas)
9	11-P-107-A	2	818
10	11-P-107-B	4	89

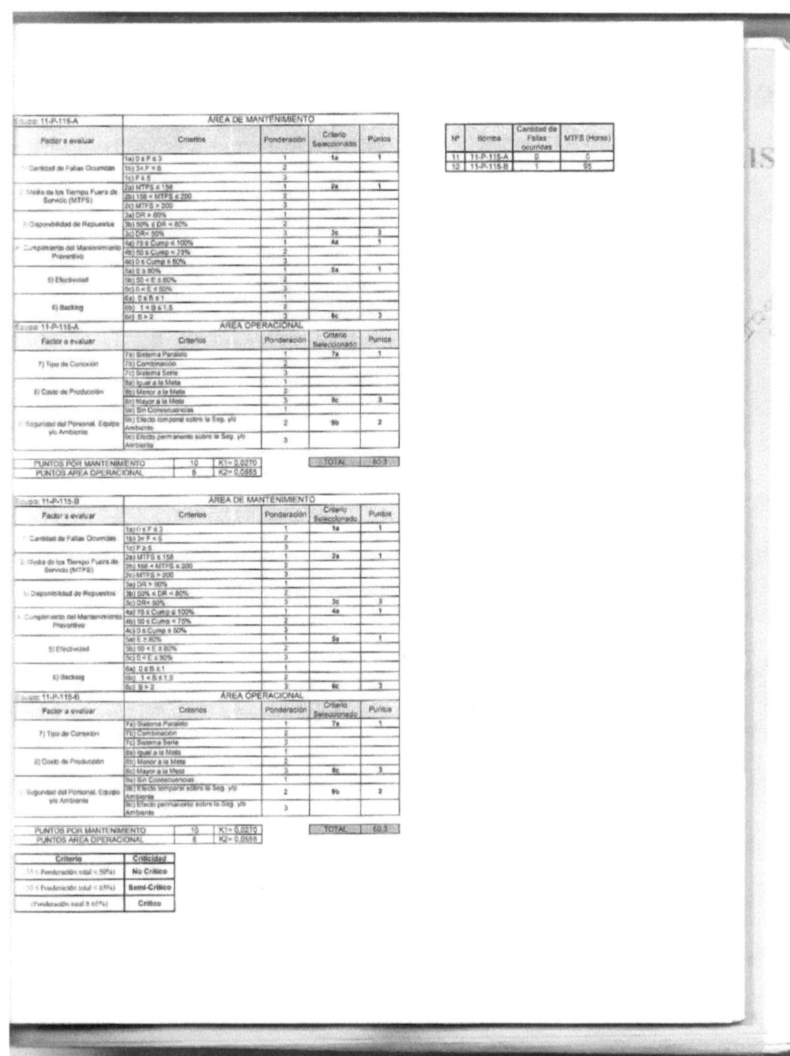

Equipo: 11-P-115-A — ÁREA DE MANTENIMIENTO

Factor a evaluar	Criterios	Ponderación	Criterio Seleccionado	Puntos
1) Cantidad de Fallas Ocurridas	1a) 0 ≤ F ≤ 3	1	1a	1
	1b) 3 < F < 6	2		
	1c) F ≥ 6	3		
2) Media de los Tiempo Fuera de Servicio (MTFS)	2a) MTFS ≤ 158	1	2a	1
	2b) 158 < MTFS ≤ 200	2		
	2c) MTFS > 200	3		
3) Disponibilidad de Repuestos	3a) DR > 80%	1		
	3b) 50% ≤ DR < 80%	2		
	3c) DR < 50%	3	3c	3
4) Cumplimiento del Mantenimiento Preventivo	4a) 75 ≤ Cump ≤ 100%	1	4a	1
	4b) 50 ≤ Cump < 75%	2		
	4c) 0 ≤ Cump < 50%	3		
5) Efectividad	5a) E ≥ 80%	1	5a	1
	5b) 50 < E ≤ 80%	2		
	5c) 0 < E ≤ 50%	3		
6) Backlog	6a) 0 ≤ B ≤ 1	1		
	6b) 1 < B ≤ 1.5	2		
	6c) B > 2	3	6c	3

Equipo: 11-P-115-A — ÁREA OPERACIONAL

Factor a evaluar	Criterios	Ponderación	Criterio Seleccionado	Puntos
7) Tipo de Conexión	7a) Sistema Paralelo	1	7a	1
	7b) Combinación	2		
	7c) Sistema Serie	3		
8) Costo de Producción	8a) Igual a la Meta	1		
	8b) Menor a la Meta	2		
	8c) Mayor a la Meta	3	8c	3
9) Seguridad del Personal, Equipo y/o Ambiente	9a) Sin Consecuencias	1		
	9b) Efecto temporal sobre la Seg. y/o Ambiente	2	9b	2
	9c) Efecto permanente sobre la Seg. y/o Ambiente	3		

PUNTOS POR MANTENIMIENTO	10	K1= 0.0270	TOTAL	60.3
PUNTOS AREA OPERACIONAL	6	K2= 0.0555		

Equipo: 11-P-115-B — ÁREA DE MANTENIMIENTO

Factor a evaluar	Criterios	Ponderación	Criterio Seleccionado	Puntos
1) Cantidad de Fallas Ocurridas	1a) 0 ≤ F ≤ 3	1	1a	1
	1b) 3 < F < 6	2		
	1c) F ≥ 6	3		
2) Media de los Tiempo Fuera de Servicio (MTFS)	2a) MTFS ≤ 158	1	2a	1
	2b) 158 < MTFS ≤ 200	2		
	2c) MTFS > 200	3		
3) Disponibilidad de Repuestos	3a) DR > 80%	1		
	3b) 50% ≤ DR < 80%	2		
	3c) DR < 50%	3	3c	3
4) Cumplimiento del Mantenimiento Preventivo	4a) 75 ≤ Cump ≤ 100%	1	4a	1
	4b) 50 ≤ Cump < 75%	2		
	4c) 0 ≤ Cump < 50%	3		
5) Efectividad	5a) E ≥ 80%	1	5a	1
	5b) 50 < E ≤ 80%	2		
	5c) 0 < E ≤ 50%	3		
6) Backlog	6a) 0 ≤ B ≤ 1	1		
	6b) 1 < B ≤ 1.5	2		
	6c) B > 2	3	6c	3

Equipo: 11-P-115-B — ÁREA OPERACIONAL

Factor a evaluar	Criterios	Ponderación	Criterio Seleccionado	Puntos
7) Tipo de Conexión	7a) Sistema Paralelo	1	7a	1
	7b) Combinación	2		
	7c) Sistema Serie	3		
8) Costo de Producción	8a) Igual a la Meta	1		
	8b) Menor a la Meta	2		
	8c) Mayor a la Meta	3	8c	3
9) Seguridad del Personal, Equipo y/o Ambiente	9a) Sin Consecuencias	1		
	9b) Efecto temporal sobre la Seg. y/o Ambiente	2	9b	2
	9c) Efecto permanente sobre la Seg. y/o Ambiente	3		

PUNTOS POR MANTENIMIENTO	10	K1= 0.0270	TOTAL	60.3
PUNTOS AREA OPERACIONAL	6	K2= 0.0555		

Criterio	Criticidad
35 ≤ Ponderación total < 50%	No Crítico
50 ≤ Ponderación total < 65%	Semi-Crítico
(Ponderación total ≥ 65%)	Crítico

Nº	Bomba	Cantidad de Fallas ocurridas	MTFS (Horas)
11	11-P-115-A	0	0
12	11-P-115-B	1	95

Nº	Bomba	Cantidad de Fallas ocurridas	MTFS (Horas)
13	11-P-116-A	1	26
14	11-P-116-B	0	0

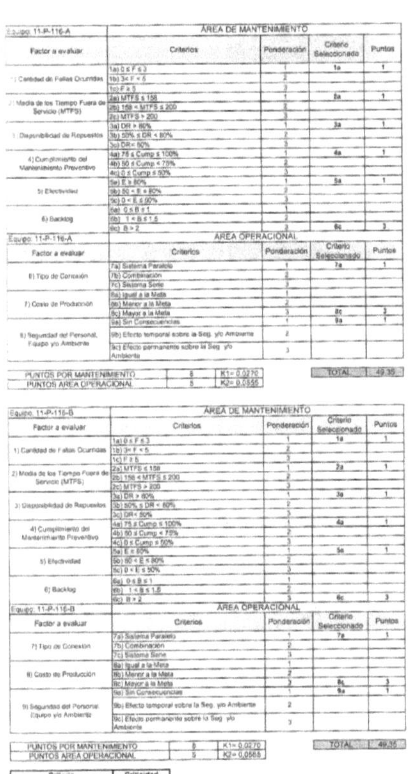

Equipo: 11-P-116-A — ÁREA DE MANTENIMIENTO

Factor a evaluar	Criterios	Ponderación	Criterio Seleccionado	Puntos
1) Cantidad de Fallas Ocurridas	1a) $0 \leq F \leq 3$	1	1a	1
	1b) $3 < F < 5$	2		
	1c) $F \geq 5$	3		
2) Media de los Tiempo Fuera de Servicio (MTFS)	2a) MTFS ≤ 158	1	2a	1
	2b) $158 <$ MTFS ≤ 200	2		
	2c) MTFS > 200	3		
3) Disponibilidad de Repuestos	3a) DR $> 80\%$	1	3a	1
	3b) $50\% \leq$ DR $< 80\%$	2		
	3c) DR $< 50\%$	3		
4) Cumplimiento del Mantenimiento Preventivo	4a) $75 \leq$ Cump $\leq 100\%$	1	4a	1
	4b) $50 \leq$ Cump $< 75\%$	2		
	4c) $0 \leq$ Cump $\leq 50\%$	3		
5) Efectividad	5a) E $\geq 80\%$	1	5a	1
	5b) $50 < E < 80\%$	2		
	5c) $0 < E \leq 50\%$	3		
6) Backlog	6a) $0 \leq B \leq 1$	1		
	6b) $1 < B \leq 1.5$	2		
	6c) $B > 2$	3	6c	3

Equipo: 11-P-116-A — ÁREA OPERACIONAL

Factor a evaluar	Criterios	Ponderación	Criterio Seleccionado	Puntos
6) Tipo de Conexión	7a) Sistema Paralelo	1	7a	1
	7b) Combinación	2		
	7c) Sistema Serie	3		
7) Costo de Producción	8a) Igual a la Meta	1		
	8b) Menor a la Meta	2		
	8c) Mayor a la Meta	3	8c	3
8) Seguridad del Personal, Equipo y/o Ambiente	9a) Sin Consecuencias	1	9a	1
	9b) Efecto temporal sobre la Seg. y/o Ambiente	2		
	9c) Efecto permanente sobre la Seg. y/o Ambiente	3		

PUNTOS POR MANTENIMIENTO	8	K1= 0.3270	TOTAL	49.35
PUNTOS ÁREA OPERACIONAL	5	K2= 0.0555		

Equipo: 11-P-116-B — ÁREA DE MANTENIMIENTO

Factor a evaluar	Criterios	Ponderación	Criterio Seleccionado	Puntos
1) Cantidad de Fallas Ocurridas	1a) $0 \leq F \leq 3$	1	1a	1
	1b) $3 < F < 5$	2		
	1c) $F \geq 5$	3		
2) Media de los Tiempo Fuera de Servicio (MTFS)	2a) MTFS ≤ 158	1	2a	1
	2b) $158 <$ MTFS ≤ 200	2		
	2c) MTFS > 200	3		
3) Disponibilidad de Repuestos	3a) DR $> 80\%$	1	3a	1
	3b) $50\% \leq$ DR $< 80\%$	2		
	3c) DR $< 50\%$	3		
4) Cumplimiento del Mantenimiento Preventivo	4a) $75 \leq$ Cump $\leq 100\%$	1	4a	1
	4b) $50 \leq$ Cump $< 75\%$	2		
	4c) $0 \leq$ Cump $\leq 50\%$	3		
5) Efectividad	5a) E $\geq 80\%$	1	5a	1
	5b) $50 < E < 80\%$	2		
	5c) $0 < E \leq 50\%$	3		
6) Backlog	6a) $0 \leq B \leq 1$	1		
	6b) $1 < B \leq 1.5$	2		
	6c) $B > 2$	3	6c	3

Equipo: 11-P-116-B — ÁREA OPERACIONAL

Factor a evaluar	Criterios	Ponderación	Criterio Seleccionado	Puntos
7) Tipo de Conexión	7a) Sistema Paralelo	1	7a	1
	7b) Combinación	2		
	7c) Sistema Serie	3		
8) Costo de Producción	8a) Igual a la Meta	1		
	8b) Menor a la Meta	2		
	8c) Mayor a la Meta	3	8c	3
9) Seguridad del Personal, Equipo y/o Ambiente	9a) Sin Consecuencias	1	9a	1
	9b) Efecto temporal sobre la Seg. y/o Ambiente	2		
	9c) Efecto permanente sobre la Seg. y/o Ambiente	3		

PUNTOS POR MANTENIMIENTO	8	K1= 0.3270	TOTAL	49.35
PUNTOS ÁREA OPERACIONAL	5	K2= 0.0555		

Criterio	Criticidad
(33 < Ponderación total < 50%)	No Crítico
(50 < Ponderación total < 65%)	Semi-Crítico
(Ponderación total ≥ 65%)	Crítico

Equipo: 11-P-141-B	ÁREA DE MANTENIMIENTO				
Factor a evaluar	Criterios	Ponderación	Criterio Seleccionado	Puntos
1) Cantidad de Fallas Ocurridas	1a) 0 ≤ F ≤ 3	1	1a	1
	1b) 3 < F ≤ 5	2		
	1c) F ≥ 5	3		
2) Media de los Tiempo Fuera de Servicio (MTFS)	2a) MTFS ≤ 156	1	2a	1
	2b) 156 < MTFS ≤ 200	2		
	2c) MTFS > 200	3		
3) Disponibilidad de Repuestos	3a) DR > 80%	1	3a	1
	3b) 50% ≤ DR < 80%	2		
	3c) DR < 50%	3		
4) Cumplimiento del Mantenimiento Preventivo	4a) 75 ≤ Cump ≤ 100%	1	4a	1
	4b) 50 ≤ Cump < 75%	2		
	4c) 0 ≤ Cump ≤ 50%	3		
5) Efectividad	5a) E ≥ 80%	1	5a	1
	5b) 50 < E ≤ 80%	2		
	5c) 0 < E ≤ 50%	3		
6) Backlog	6a) 0 ≤ B ≤ 1	1		
	6b) 1 < B ≤ 1.5	2		
	6c) B > 2	3	6c	3

Equipo: 11-P-141-B	ÁREA OPERACIONAL				
Factor a evaluar	Criterios	Ponderación	Criterio Seleccionado	Puntos
7) Tipo de Conexión	7a) Sistema Paralelo	1	7a	1
	7b) Combinación	2		
	7c) Sistema Serie	3		
8) Costo de Producción	8a) Igual a la Meta	1		
	8b) Menor a la Meta	2		
	8c) Mayor a la Meta	3	8c	3
9) Seguridad del Personal, Equipo y/o Ambiente	9a) Sin Consecuencias	1	9a	1
	9b) Efecto temporal sobre la Seg. y/o Ambiente	2		
	9c) Efecto permanente sobre la Seg. y/o Ambiente	3		

PUNTOS POR MANTENIMIENTO	8	K1= 0.0270	
PUNTOS AREA OPERACIONAL	5	K2= 0.0555	
		TOTAL	49.35

Criterio	Criticidad
0% < Ponderación total < 30%	No Crítico
30% ≤ Ponderación total < 65%	Semi-Crítico
Ponderación total ≥ 65%	Crítico

N°	Bomba	Cantidad de Fallas ocurridas	MTFS (Horas)
15	11-P-141-B	0	0

145

Equipo: 11-P-142-B	ÁREA DE MANTENIMIENTO			
Factor a evaluar	Criterios	Ponderación	Criterio Seleccionado	Puntos
1) Cantidad de Fallas Ocurridas	1a) $0 \le F \le 3$	1	1a	1
	1b) $3 < F \le 5$	2		
	1c) $F > 5$	3		
2) Media de los Tiempo Fuera de Servicio (MTFS)	2a) MTFS ≤ 158	1	2a	1
	2b) $158 < $ MTFS ≤ 200	2		
	2c) MTFS > 200	3		
3) Disponibilidad de Repuestos	3a) DR $> 80\%$	1	3a	1
	3b) $60\% \le $ DR $< 80\%$	2		
	3c) DR $< 50\%$	3		
4) Cumplimiento del Mantenimiento Preventivo	4a) $75 \le $ Cump $\le 100\%$	1	4a	1
	4b) $50 \le $ Cump $< 75\%$	2		
	4c) $0 \le $ Cump $\le 50\%$	3		
5) Efectividad	5a) E $\ge 80\%$	1	5a	1
	5b) $50 < $ E $\le 80\%$	2		
	5c) $0 < $ E $\le 50\%$	3		
6) Backlog	6a) $0 \le $ B ≤ 1	1		
	6b) $1 < $ B ≤ 1.5	2		
	6c) B > 2	3	6c	3

Equipo: 11-P-142-B	ÁREA OPERACIONAL			
Factor a evaluar	Criterios	Ponderación	Criterio Seleccionado	Puntos
7) Tipo de Conexión	7a) Sistema Paralelo	1	7a	1
	7b) Combinación	2		
	7c) Sistema Serie	3		
8) Costo de Producción	8a) Igual a la Meta	1		
	8b) Menor a la Meta	2		
	8c) Mayor a la Meta	3	8c	3
9) Seguridad del Personal, Equipo y/o Ambiente	9a) Sin Consecuencias	1	9a	1
	9b) Efecto temporal sobre la Seg. y/o Ambiente	2		
	9c) Efecto permanente sobre la Seg. y/o Ambiente	3		

PUNTOS POR MANTENIMIENTO	8	K1 = 0.0270	
PUNTOS ÁREA OPERACIONAL	5	K2 = 0.0555	

	TOTAL	49.35

Criterio	Criticidad
(31 $\le$ Ponderación total $< 50\%$)	No Critico
(50 $\le$ Ponderación total $< 65\%$)	Semi-Critico
(Ponderación total $\ge 65\%$)	Critico

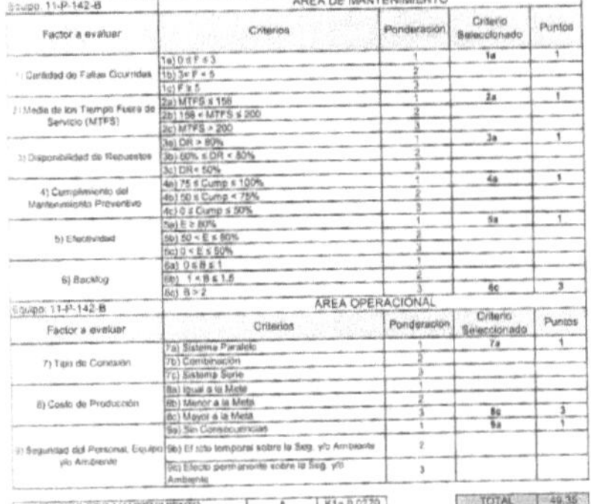

N°	Bomba	Cantidad de Fallas ocurridas	MTFS (Horas)
16	11-P-142-B	0	0

Equipo: 11-P-143-A

AREA DE MANTENIMIENTO				
Factor a evaluar	Criterios	Ponderación	Criterio Seleccionado	Puntos
1) Cantidad de Fallas Ocurridas	1a) 0 ≤ F ≤ 3	1	1a	1
	1b) 3 < F < 5	2		
	1c) F ≥ 5	3		
2) Media de los Tiempo Fuera de Servicio (MTFS)	2a) MTFS ≤ 158	1	2a	1
	2b) 158 < MTFS ≤ 200	2		
	2c) MTFS > 200	3		
3) Disponibilidad de Repuestos	3a) DR > 80%	1		
	3b) 50% ≤ DR < 80%	2		
	3c) DR < 50%	3	3c	3
4) Cumplimiento del Mantenimiento Preventivo	4a) 75 ≤ Cump ≤ 100%	1	4a	1
	4b) 50 ≤ Cump < 75%	2		
	4c) 0 ≤ Cump ≤ 50%	3		
5) Efectividad	5a) E ≥ 80%	1	5a	1
	5b) 50 < E ≤ 80%	2		
	5c) 0 < E ≤ 50%	3		
6) Backlog	6a) 0 ≤ B ≤ 1	1		
	6b) 1 < B ≤ 1.5	2		
	6c) B > 2	3	6c	3

AREA OPERACIONAL (11-P-143-A)				
Factor a evaluar	Criterios	Ponderación	Criterio Seleccionado	Puntos
7) Tipo de Conexión	7a) Sistema Paralelo	1	7a	1
	7b) Combinación	2		
	7c) Sistema Serie	3		
8) Costo de Producción	8a) Igual a la Meta	1		
	8b) Menor a la Meta	2		
	8c) Mayor a la Meta	3	8c	3
9) Seguridad del Personal, Equipo y/o Ambiente	9a) Sin Consecuencias	1		
	9b) Efecto temporal sobre la Seg. y/o Ambiente	2	9b	2
	9c) Efecto permanente sobre la Seg. y/o Ambiente	3		

PUNTOS POR MANTENIMIENTO	10	K1= 0,0370	TOTAL	60,3
PUNTOS AREA OPERACIONAL	6	K2= 0,0556		

Equipo: 11-P-143-B

AREA DE MANTENIMIENTO				
Factor a evaluar	Criterios	Ponderación	Criterio Seleccionado	Puntos
1) Cantidad de Fallas Ocurridas	1a) 0 ≤ F ≤ 3	1		
	1b) 3 < F < 5	2	1b	2
	1c) F ≥ 5	3		
2) Media de los Tiempo Fuera de Servicio (MTFS)	2a) MTFS ≤ 162	1	2a	1
	2b) 162 < MTFS ≤ 200	2		
	2c) MTFS > 200	3		
3) Disponibilidad de Repuestos	3a) DR > 80%	1		
	3b) 50% ≤ DR < 80%	2		
	3c) DR < 50%	3	3c	3
4) Cumplimiento del Mantenimiento Preventivo	4a) 75 ≤ Cump ≤ 100%	1	4a	1
	4b) 50 ≤ Cump < 75%	2		
	4c) 0 ≤ Cump ≤ 50%	3		
5) Efectividad	5a) E ≥ 80%	1	5a	1
	5b) 50 < E ≤ 80%	2		
	5c) 0 < E ≤ 50%	3		
6) Backlog	6a) 0 ≤ B ≤ 1	1		
	6b) 1 < B ≤ 1.5	2		
	6c) B > 2	3	6c	3

AREA OPERACIONAL (11-P-143-B)				
Factor a evaluar	Criterios	Ponderación	Criterio Seleccionado	Puntos
7) Tipo de Conexión	7a) Sistema Paralelo	1	7a	1
	7b) Combinación	2		
	7c) Sistema Serie	3		
8) Costo de Producción	8a) Igual a la Meta	1		
	8b) Menor a la Meta	2		
	8c) Mayor a la Meta	3	8c	3
9) Seguridad del Personal, Equipo y/o Ambiente	9a) Sin Consecuencias	1		
	9b) Efecto temporal sobre la Seg. y/o Ambiente	2	9b	2
	9c) Efecto permanente sobre la Seg. y/o Ambiente	3		

PUNTOS POR MANTENIMIENTO	11	K1= 0,0270	TOTAL	63
PUNTOS AREA OPERACIONAL	6	K2= 0,0555		

Criterio	Criticidad
(35 < Ponderación total < 50%)	No Crítico
(50 < Ponderación total < 65%)	Semi-Crítico
(Ponderación total ≥ 65%)	Crítico

N°	Bomba	Cantidad de Fallas ocurridas	MTFS (Horas)
17	11-P-143-A	0	0
18	11-P-143-B	4	25

Equipo: 11-P-146-B — ÁREA DE MANTENIMIENTO

Factor a evaluar	Criterios	Ponderación	Criterio Seleccionado	Puntos
Cantidad de Fallas Ocurridas	1a) 0 ≤ F ≤ 3	1	1a	1
	1b) 3 < F < 6	2		
	1c) F ≥ 6	3		
Media de los Tiempo Fuera de Servicio (MTFS)	2a) MTFS ≤ 156	1	2a	1
	2b) 156 < MTFS ≤ 200	2		
	2c) MTFS > 200	3		
Disponibilidad de Repuestos	3a) DR > 80%	1		
	3b) 50% ≤ DR < 80%	2		
	3c) DR < 50%	3	3c	3
Cumplimiento del Mantenimiento Preventivo	4a) 75 ≤ Cump ≤ 100%	1	4a	1
	4b) 50 ≤ Cump < 75%	2		
	4c) 0 < Cump ≤ 50%	3		
5) Efectividad	5a) E ≥ 80%	1	5a	1
	5b) 50 < E ≤ 80%	2		
	5c) 0 < E ≤ 50%	3		
6) Backlog	6a) 0 ≤ B ≤ 1	1		
	6b) 1 < B ≤ 1.5	2		
	6c) B > 2	3	6c	3

Equipo: 11-P-146-B — ÁREA OPERACIONAL

Factor a evaluar	Criterios	Ponderación	Criterio Seleccionado	Puntos
7) Tipo de Conexión	7a) Sistema Paralelo	1	7a	1
	7b) Combinación	2		
	7c) Sistema Serie	3		
8) Costo de Producción	8a) Igual a la Meta	1		
	8b) Menor a la Meta	2		
	8c) Mayor a la Meta	3	8c	3
Seguridad del Personal, Equipo y/o Ambiente	9a) Fin Consecuencias	1	9a	1
	9b) Efecto temporal sobre la Seg. y/o Ambiente	2		
	9c) Efecto permanente sobre la Seg. y/o Ambiente	3		

PUNTOS POR MANTENIMIENTO	10	K1 = 0.0270		TOTAL	54.78
PUNTOS ÁREA OPERACIONAL	5	K2 = 0.0555			

Criterio	Criticidad
(1 ≤ Ponderación total < 50%)	No Crítico
(50 ≤ Ponderación total < 65%)	Semi-Crítico
(Ponderación total ≥ 65%)	Crítico

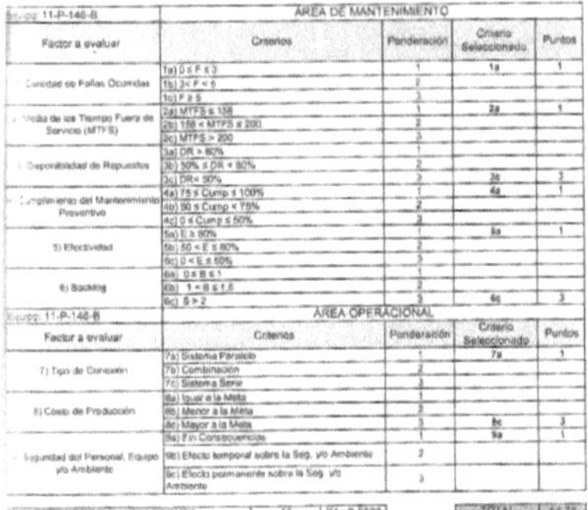

N°	Bomba	Cantidad de Fallas ocurridas	MTFS (Horas)
19	11-P-146-B	2	132.8

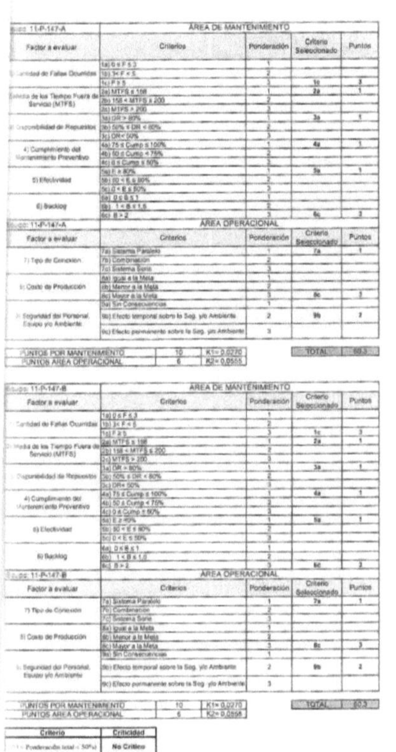

Equipo: 11-P-147-A — ÁREA DE MANTENIMIENTO

Factor a evaluar	Criterios	Ponderación	Criterio Seleccionado	Puntos
1) Cantidad de Fallas Ocurridas	1a) 0 ≤ F ≤ 3	1		
	1b) 3 < F < 5	2		
	1c) F ≥ 5	3	1c	3
2) Estimado de los Tiempo Fuera de Servicio (MTFS)	2a) MTFS ≤ 158	1	2a	1
	2b) 158 < MTFS ≤ 200	2		
	2c) MTFS > 200	3		
3) Disponibilidad de Repuestos	3a) DR > 80%	1	3a	1
	3b) 50% ≤ DR < 80%	2		
	3c) DR < 50%	3		
4) Cumplimiento del Mantenimiento Preventivo	4a) 75 ≤ Cump ≤ 100%	1	4a	1
	4b) 50 ≤ Cump < 75%	2		
	4c) 0 ≤ Cump ≤ 50%	3		
5) Efectividad	5a) E ≥ 80%	1	5a	1
	5b) 60 < E ≤ 80%	2		
	5c) 0 < E ≤ 60%	3		
6) Backlog	6a) 0 ≤ B ≤ 1	1		
	6b) 1 < B ≤ 1.5	2		
	6c) B > 2	3	6c	3

Equipo: 11-P-147-A — ÁREA OPERACIONAL

Factor a evaluar	Criterios	Ponderación	Criterio Seleccionado	Puntos
7) Tipo de Conexión	7a) Sistema Paralelo	1	7a	1
	7b) Combinación	2		
	7c) Sistema Serie	3		
8) Costo de Producción	8a) Igual a la Meta	1		
	8b) Menor a la Meta	2		
	8c) Mayor a la Meta	3	8c	3
9) Seguridad del Personal, Equipo y/o Ambiente	9a) Sin Consecuencias	1		
	9b) Efecto temporal sobre la Seg. y/o Ambiente	2	9b	2
	9c) Efecto permanente sobre la Seg. y/o Ambiente	3		

PUNTOS POR MANTENIMIENTO	10	K1= 0.0270	TOTAL	60.3
PUNTOS AREA OPERACIONAL	6	K2= 0.0555		

Equipo: 11-P-147-B — ÁREA DE MANTENIMIENTO

Factor a evaluar	Criterios	Ponderación	Criterio Seleccionado	Puntos
1) Cantidad de Fallas Ocurridas	1a) 0 ≤ F ≤ 3	1		
	1b) 3 < F < 5	2		
	1c) F ≥ 5	3	1c	3
2) Estimado de los Tiempo Fuera de Servicio (MTFS)	2a) MTFS ≤ 158	1	2a	1
	2b) 158 < MTFS ≤ 200	2		
	2c) MTFS > 200	3		
3) Disponibilidad de Repuestos	3a) DR > 80%	1	3a	1
	3b) 50% ≤ DR < 80%	2		
	3c) DR < 50%	3		
4) Cumplimiento del Mantenimiento Preventivo	4a) 75 ≤ Cump ≤ 100%	1	4a	1
	4b) 50 ≤ Cump < 75%	2		
	4c) 0 ≤ Cump ≤ 50%	3		
5) Efectividad	5a) E ≥ 80%	1	5a	1
	5b) 60 < E ≤ 80%	2		
	5c) 0 < E ≤ 60%	3		
6) Backlog	6a) 0 ≤ B ≤ 1	1		
	6b) 1 < B ≤ 1.0	2		
	6c) B > 2	3	6c	3

Equipo: 11-P-147-B — ÁREA OPERACIONAL

Factor a evaluar	Criterios	Ponderación	Criterio Seleccionado	Puntos
7) Tipo de Conexión	7a) Sistema Paralelo	1	7a	1
	7b) Combinación	2		
	7c) Sistema Serie	3		
8) Costo de Producción	8a) Igual a la Meta	1		
	8b) Menor a la Meta	2		
	8c) Mayor a la Meta	3	8c	3
9) Seguridad del Personal, Equipo y/o Ambiente	9a) Sin Consecuencias	1		
	9b) Efecto temporal sobre la Seg. y/o Ambiente	2	9b	2
	9c) Efecto permanente sobre la Seg. y/o Ambiente	3		

PUNTOS POR MANTENIMIENTO	10	K1= 0.0270	TOTAL	60.3
PUNTOS AREA OPERACIONAL	6	K2= 0.0555		

Criterio	Criticidad
(Ponderación total < 50%)	No Crítico
(Ponderación total < 65%)	Semi-Crítico
(Ponderación total ≥ 65%)	Crítico

N°	Bomba	Cantidad de Fallas ocurridas	MTFS (Horas)
20	11-P-147-A	6	68.67
21	11-P-147-B	6	37.33

149

Equipo: 11-P-148-B	ÁREA DE MANTENIMIENTO			
Factor a evaluar	Criterios	Ponderación	Criterio Seleccionado	Puntos
1) Cantidad de Fallas Ocurridas	1a) $0 \leq F \leq 3$	1	1a	1
	1b) $3 < F < 5$	2		
	1c) $F \geq 5$	3		
2) Media de los Tiempo Fuera de Servicio (MTFS)	2a) MTFS ≤ 158	1	2a	1
	2b) $158 < $ MTFS ≤ 200	2		
	2c) MTFS > 200	3		
3) Disponibilidad de Repuestos	3a) DR $> 80\%$	1		
	3b) $50\% \leq $ DR $< 80\%$	2	3b	2
	3c) DR $< 50\%$	3		
4) Cumplimiento del Mantenimiento Preventivo	4a) $75 \leq $ Cump $\leq 100\%$	1	4a	1
	4b) $50 \leq $ Cump $< 75\%$	2		
	4c) $0 \leq $ Cump $\leq 50\%$	3		
5) Efectividad	5a) $E \geq 80\%$	1	5a	1
	5b) $50 < E \leq 80\%$	2		
	5c) $0 < E \leq 50\%$	3		
6) Backlog	6a) $0 \leq B \leq 1$	1		
	6b) $1 < B \leq 1,5$	2		
	6c) $B > 2$	3	6c	3

Equipo: 11-P-148-B	ÁREA OPERACIONAL			
Factor a evaluar	Criterios	Ponderación	Criterio Seleccionado	Puntos
6) Tipo de Conexión	7a) Sistema Paralelo	1	7a	1
	7b) Combinación	2		
	7c) Sistema Serie	3		
7) Costo de Producción	8a) Igual a la Meta	1		
	8b) Menor a la Meta	2		
	8c) Mayor a la Meta	3	8c	3
9) Seguridad del Personal, Equipo y/o Ambiente	9a) Sin Consecuencias	1	9a	1
	9b) Efecto temporal sobre la Seg. y/o Ambiente	2		
	9c) Efecto permanente sobre la Seg. y/o Ambiente	3		

PUNTOS POR MANTENIMIENTO	9	K1 = 0,0270
PUNTOS AREA OPERACIONAL	5	K2 = 0,0555

TOTAL	52,05

Criterio	Criticidad
(33 < Ponderación total < 50%)	No Crítico
(50 < Ponderación total < 65%)	Semi-Crítico
(Ponderación total $\geq$ 65%)	Crítico

N°	Bomba	Cantidad de Fallas ocurridas	MTFS (Horas)
22	11-P-148-B	0	0

ANEXO H. CÁLCULO DEL PARÁMETRO DE FORMA CON EL SOFTWARE AUTOCON 1.0.

Resultados de la aplicación del modelo paramétrico para estimar confiabilidad con el software Autocon 1.0 en los equipos rotativos críticos.

- Para la Bomba 11-P-101-B: El estudio se muestra en las figuras H.1,H2 y H3.

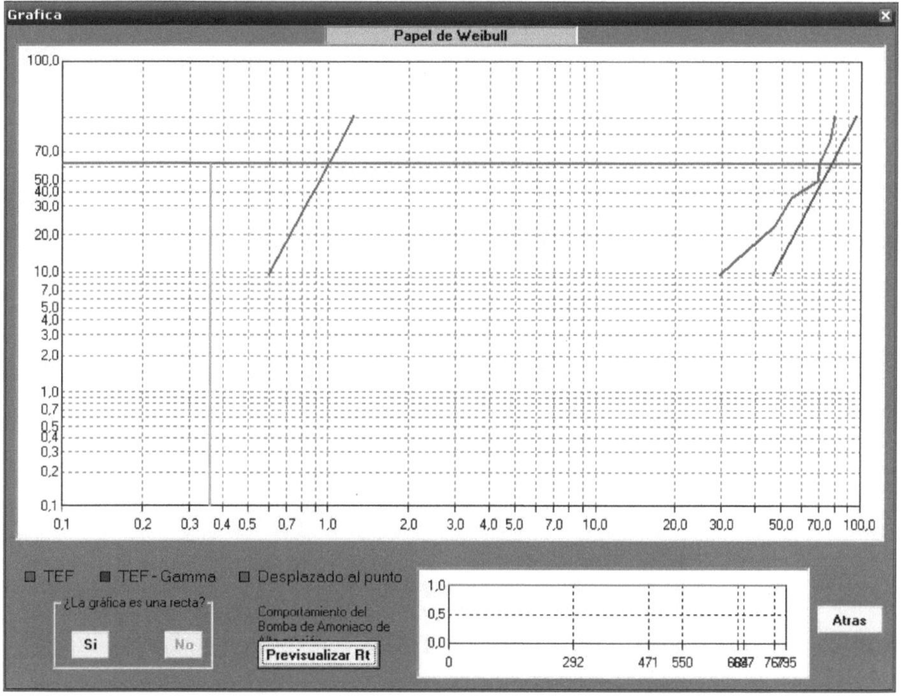

FIGURA H.1. GRÁFICO DE DISTRIBUCIÓN DE DISTRIBUCIÓN DE WEIBULL PARA LA BOMBA P-101-B.
FUENTE: PROPIA.

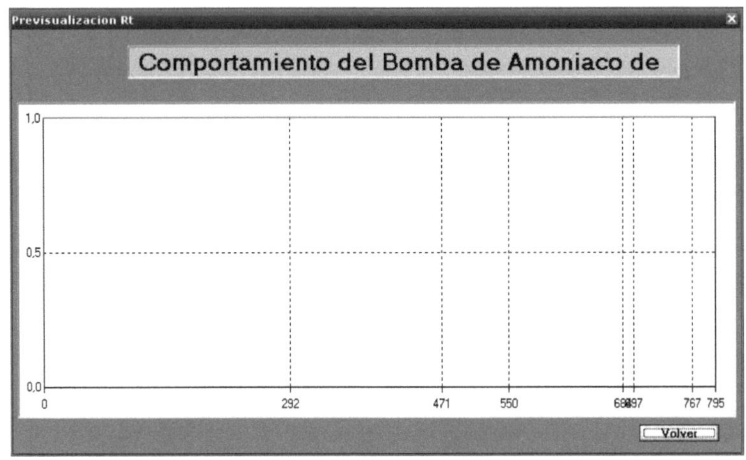

FIGURA H.2. GRÁFICA DE CONFIABILIDAD DEL EQUIPO P-101-B.
FUENTE: FERTINITRO.

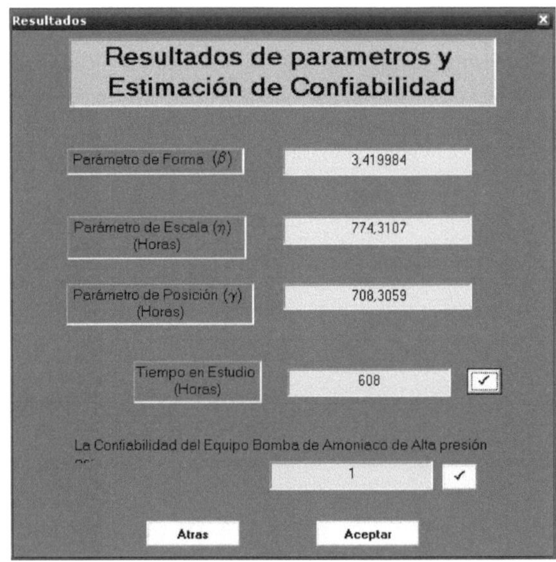

FIGURA H.3. REPORTE DE RESULTADOS DE LA EVALUACIÓN DEL EQUIPO P-101-B. FUENTE: PROPIA.

- Para la bomba 11-P-102-B: el estudio se muestra en las figuras H.4,H5 y H6.

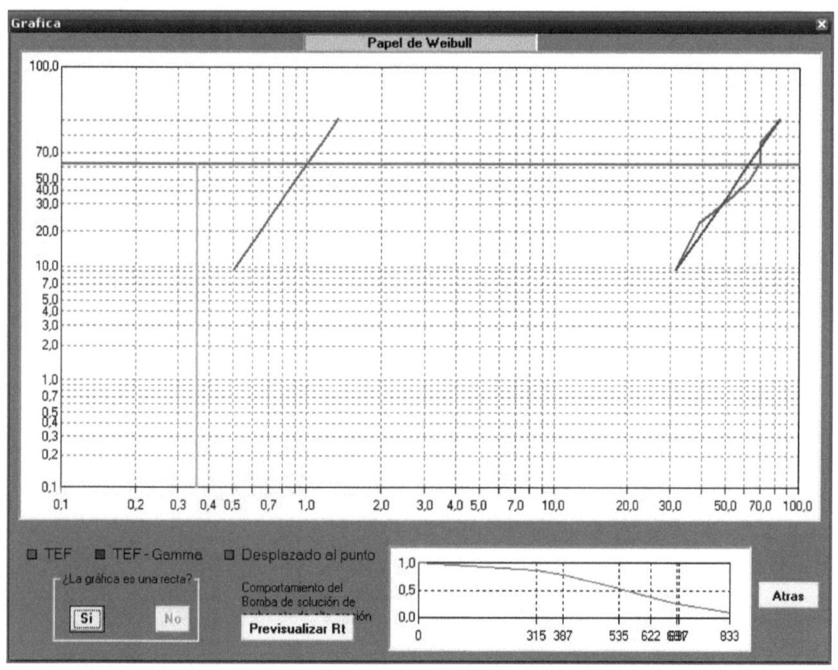

FIGURA H.4. GRÁFICO DE DISTRIBUCIÓN DE DISTRIBUCIÓN DE WEIBULL
PARA EL EQUIPO P-102-B.
FUENTE: PROPIA.

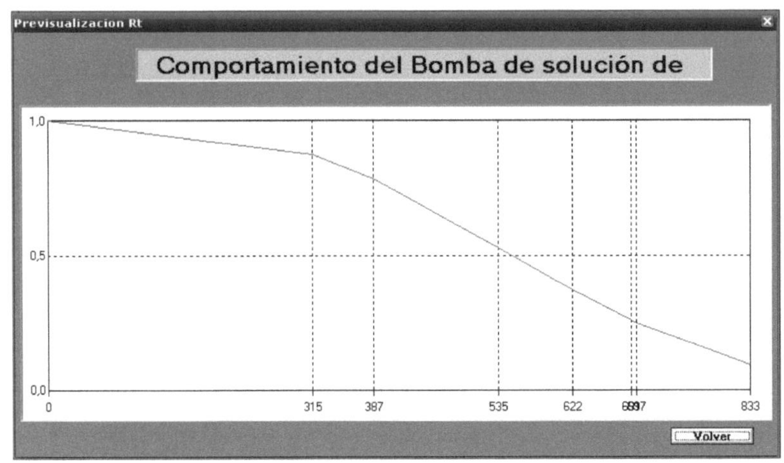

FIGURA H.5. GRÁFICA DE CONFIABILIDAD DEL EQUIPO P-102-B.
FUENTE: FERTINITRO.

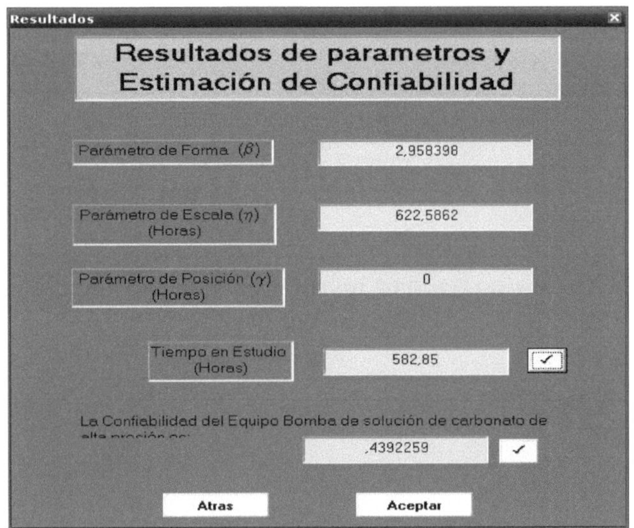

FIGURA H.6. REPORTE DE RESULTADOS DE LA EVALUACIÓN DEL EQUIPO P-102-B. FUENTE: PROPIA.

- Para la bomba 11-P-103-A: el estudio se muestra en las figuras H.7,H8 y H9.

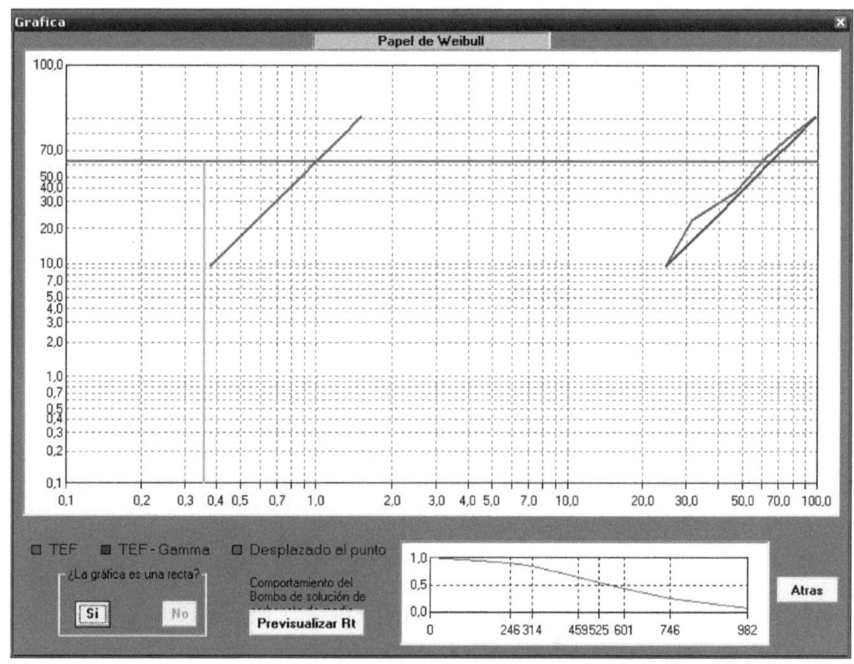

FIGURA H.7. GRÁFICO DE DISTRIBUCIÓN DE DISTRIBUCIÓN DE WEIBULL
PARA EL EQUIPO P-103-A.
FUENTE: PROPIA.

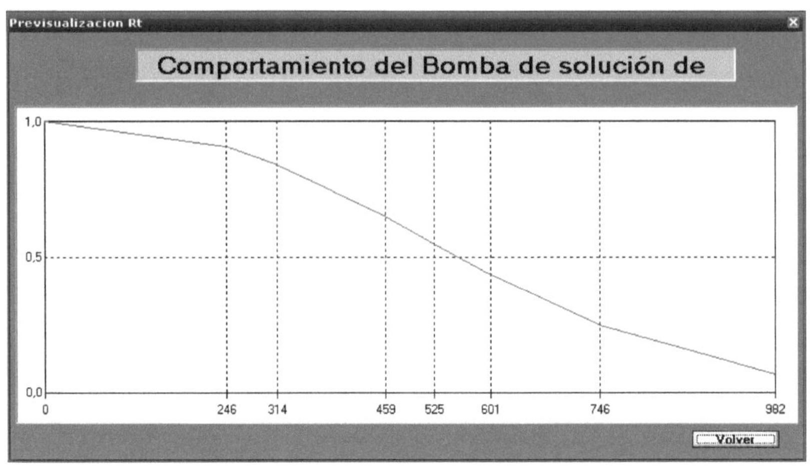

FIGURA H.8. GRÁFICA DE CONFIABILIDAD DEL EQUIPO 11-P-103-A.
FUENTE: FERTINITRO.

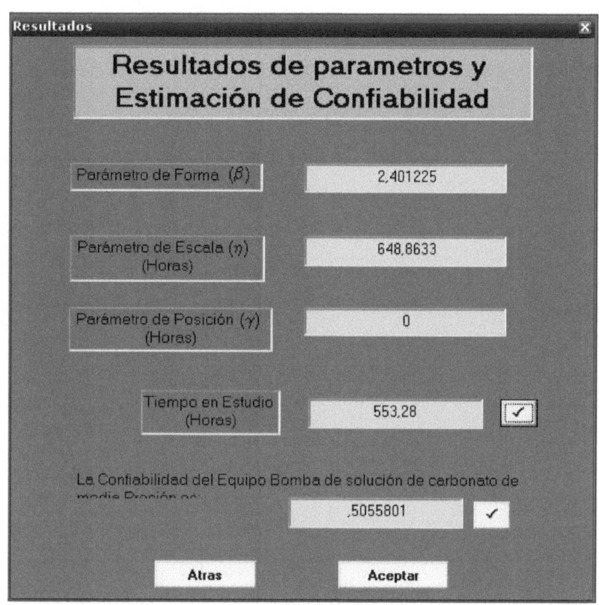

FIGURA H.9. REPORTE DE RESULTADOS DE LA EVALUACIÓN DEL EQUIPO 11-
P-103-A.
FUENTE: PROPIA.

- Para la bomba 11-P-103-B: el estudio se muestra en las figuras H.10,H11 y
H12.

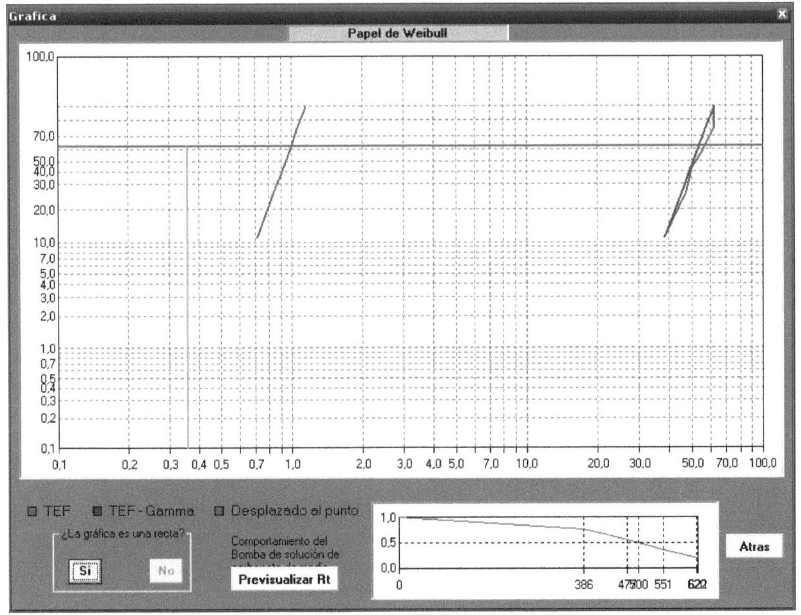

FIGURA H.10. GRÁFICO DE DISTRIBUCIÓN DE DISTRIBUCIÓN DE WEIBULL PARA EL EQUIPO P-103-B.

FUENTE: PROPIA.

158

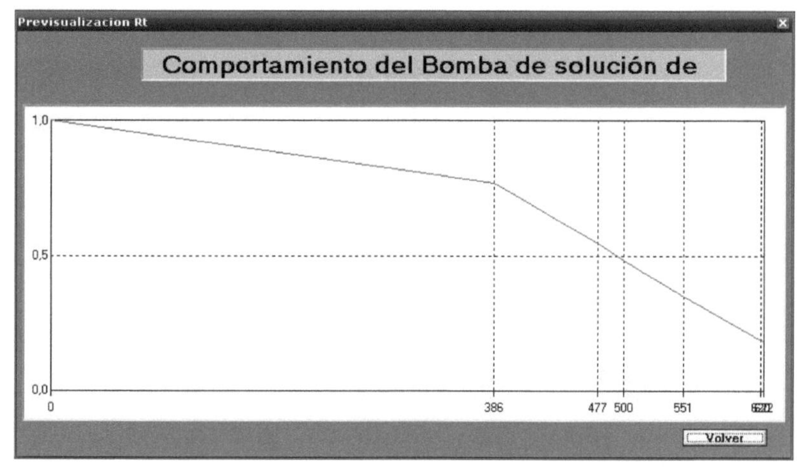

FIGURA H.11. GRÁFICA DE CONFIABILIDAD DEL EQUIPO P-103-B.
FUENTE: FERTINITRO.

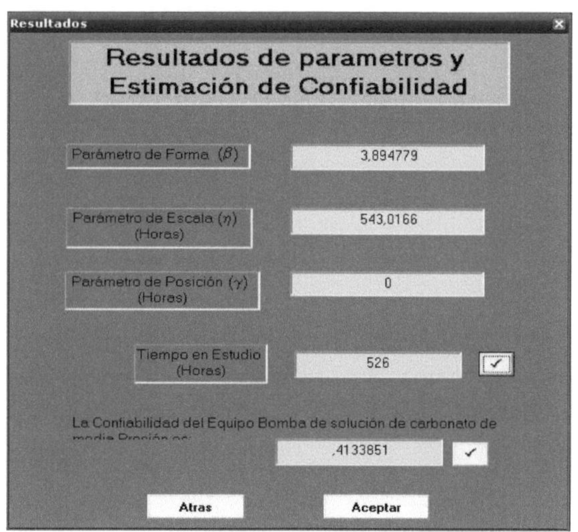

FIGURA H.12. REPORTE DE RESULTADOS DE LA EVALUACIÓN DEL EQUIPO P-103-B.
FUENTE: PROPIA.

METADATOS PARA TRABAJOS DE GRADO, TESIS Y ASCENSO:

TÍTULO	PROPUESTA DE ESTRATEGIAS PARA EL MEJORAMIENTO DEL COMPORTAMIENTO DE EQUIPOS ROTATIVOS CRÍTICOS BASADO EN EL MANTENIMIENTO EN ACCIÓN.
SUBTÍTULO	CASO: EQUIPOS ROTATIVOS DE LA RUTA 11-A, UNIDAD DE UREA, FERTINITRO, JOSE- EDO. ANZOÁTEGUI.

AUTOR (ES):

APELLIDOS Y NOMBRES	CÓDIGO CULAC / E MAIL
OJEDA ORTA, ALONSO IRAHAN	CVLAC: 18.401.654 E MAIL: Irahan86@gmail.com
	CVLAC: E MAIL:
	CVLAC: E MAIL:
	CVLAC: E MAIL:

PALÁBRAS O FRASES CLAVES: Estrategia, Análisis de Criticidad, Parámetro de Forma, Mantenimiento en Acción, Matriz de Decisión, Matriz FODA

METADATOS PARA TRABAJOS DE GRADO, TESIS Y ASCENSO:

ÀREA	SUBÀREA
INGENIERÍA Y CIENCIAS APLICADAS	INGENIERÍA MECÁNICA

RESUMEN (ABSTRACT):

El objetivo principal de este trabajo es proponer estrategias de mantenimiento que mejoren el comportamiento de los equipos rotativos críticos de una unidad de producción de úrea de la empresa FertiNitro; para alcanzar el logro de este objetivo se realizó un diagnóstico de la situación actual de todos los equipos rotativos que comprende la unidad en estudio, recopilando información técnica referente a sus características y funcionamiento dentro del contexto operacional. Posteriormente se aplicó un análisis de criticidad, el cual permitió identificar los equipos críticos pertenecientes a la ruta 11-A; seguidamente a estos equipos se les aplicó el análisis de los modos y efectos de falla (AMEF) a fin de identificar las causas de las fallas y los efectos que estas producen, luego se aplicó la matriz de decisión del mantenimiento en acción el cual busca aplicar en el proceso productivo algún tipo de mantenimiento preventivo. También se aplicó el análisis FODA que se basa en la creación de estrategias que buscan apoyar las recomendaciones del mantenimiento en acción aprovechando al máximo las fortalezas y oportunidades que tiene FertiNitro para salir adelante, minimizando las debilidades y amenazas que presenta. Con la aplicación del mantenimiento en acción asociado con el AMEF y la matriz FODA se propusieron un conjunto de estrategias que buscan garantizar el incremento de la efectividad de los equipos y a su vez una mejora en el proceso productivo, la seguridad y conservación del medio ambiente, involucrando al personal bajo un esquema proactivo. Finalmente se analizaron las estrategias obtenidas entre las cuales está realizar un estudio para la adquisición de filtros y sellos de mejor calidad, llegando a la conclusión que la mayor causa de fallas en los equipos rotativos críticos se debe a daños en los sellos mecánicos y taponamiento debido a la degradación de los filtros.

METADATOS PARA TRABAJOS DE GRADO, TESIS Y ASCENSO:

CONTRIBUIDORES:

APELLIDOS Y NOMBRES	ROL / CÓDIGO CVLAC / E_MAIL				
MATA, OSWALDO	**ROL**	**CA**	**AS**	**TU**	**JU**
		X			
	CVLAC:	13.362.518			
	E_MAIL	<u>Mataos@cantv.net</u>			
BRAVO, DARWIN	**ROL**	**CA**	**AS**	**TU**	**JU**
				X	
	CVLAC:	8.298.181			
	E_MAIL	<u>Darwinjbg@cantv.net</u>			
VILLARROEL, DELIA	**ROL**	**CA**	**AS**	**TU**	**JU**
					X
	CVLAC:	5.189.938			
	E_MAIL	<u>Deliavs@cantv.net</u>			
GRIFFITH, LUIS	**ROL**	**CA**	**AS**	**TU**	**JU**
					X
	CVLAC:	5.194.070			
	E_MAIL	<u>Luisgriffith21@hotmail.com</u>			

DE DISCUSIÓN Y APROBACIÓN:

2009	03	31
AÑO	**MES**	**DÍA**

LENGUAJE. <u>SPA</u>

METADATOS PARA TRABAJOS DE GRADO, TESIS Y ASCENSO:

ARCHIVO (S):

NOMBRE DE ARCHIVO	TIPO MIME
TESIS. Propuesta de Estrategias.doc	Application/msword

CARACTERES EN LOS NOMBRES DE LOS ARCHIVOS: A B C D E F G H I J K L M N O P Q R S T U V W X Y Z. a b c d e f g h i j k l m n o p q r s t u v w x y z. 0 1 2 3 4 5 6 7 8 9.

ALCANCE

ESPACIAL: Dpto. de Planificación de Mantenimiento, FertiNitro, Jose. **(OPCIONAL)**

TEMPORAL: _______ Nueve (9) meses __________ **(OPCIONAL)**

TÍTULO O GRADO ASOCIADO CON EL TRABAJO: Ingeniero Mecanico

NIVEL ASOCIADO CON EL TRABAJO: PREGRADO

ÁREA DE ESTUDIO: DEPARTAMENTO DE MECÁNICA

INSTITUCIÓN: Universidad de Oriente Núcleo de Anzoátegui

METADATOS PARA TRABAJOS DE GRADO, TESIS Y ASCENSO:

Derechos

De Acuerdo Con El Articulo 44 Del Reglamento De Trabajo De Grado De La Universidad De Oriente: "Los Trabajos De Grado Son De Exclusiva Propiedad De La Universidad De Oriente Y Sólo Podrán Ser Utilizados Por Otros Fines Con El Consentimiento Del Consejo De Núcleo Respectivo, Quien Lo Participará Al Consejo Universitario".

____

Ojeda Orta, Alonso Irahan.

AUTOR

_________________	_________________	_________________
Prof. Darwin Bravo	Prof. Delia Villarroel	Prof. Luis Griffith
TUTOR	**JURADO**	**JURADO**

____

Prof. Delia Villarroel

POR LA SUBCOMISION DE TESIS

I want morebooks!

Buy your books fast and straightforward online - at one of world's fastest growing online book stores! Environmentally sound due to Print-on-Demand technologies.

Buy your books online at
www.morebooks.shop

¡Compre sus libros rápido y directo en internet, en una de las librerías en línea con mayor crecimiento en el mundo! Producción que protege el medio ambiente a través de las tecnologías de impresión bajo demanda.

Compre sus libros online en
www.morebooks.shop

KS OmniScriptum Publishing
Brivibas gatve 197
LV-1039 Riga, Latvia
Telefax: +371 686 204 55

info@omniscriptum.com
www.omniscriptum.com

Printed by Books on Demand GmbH, Norderstedt / Germany